Shortcake

名店完美比例夾層蛋糕

17間日本人氣糕點店創意發想、獨家配方和特殊技巧

大境文化

由於簡單，因此千姿百態。
讓我們展開「夾層蛋糕 Shortcake」的世界吧

「提到 Shortcake最具代表性的就是草莓蛋糕」深受大人和孩子的喜愛。這款獨特的日式蛋糕至今仍是日本蛋糕店內不可或缺的經典之一。草莓蛋糕的草莓也因爲品種改良，而出現了多樣化的品牌和高級品，乳製品如鮮奶油也開始出現高品質的選擇，使得每家店鋪都能展現出獨特的個性。此外，隨著季節的變化，夾層蛋糕Shortcake不僅限於草莓，還可以看到使用各種水果製作的種類。

在本書中，我們採訪了各地極受歡迎且實力強大的糕點師，向我們介紹了各種多樣的夾層蛋糕 Shortcake，包括草莓蛋糕在內。我們將逐步揭示每位糕點師對於夾層蛋糕的熱愛和製作秘訣，並追蹤製作過程。翻開每一頁，您可以看到該店的原料選擇方式以及基本技術和口味。此外，儘管它以蛋糕體、鮮奶油和草莓這樣極簡的組合爲特色，但每款夾層蛋糕的配方和組合各不相同，實際上可以感受到千姿百態，非常多樣化的表現方式。

本書還介紹了以草莓以外的水果或以巧克力爲主角，各種創作的夾層蛋糕，這將激發您的創作慾望。如果本書能夠提升您店中夾層蛋糕的魅力，並幫助您拓展視野，那將是極大的榮幸。

旭屋出版編輯部

Shortcake

名店完美比例夾層蛋糕

Contents

閱讀本書之前

- 本書介紹了 17 位廚師分享的夾層蛋糕食譜，以及有關食材、製作方法和理念的解說。
- 夾層蛋糕的內容、食材和製作方法，基於 2021 年 6 月至 8 月採訪時的資訊。
- 介紹的夾層蛋糕中，有一些非經常供應，只在特定季節提供，也有一些是專爲本書所製作。
- 價格、供應時間、食材和製作方法、設計等都可能會有所變化。
- 夾層蛋糕的價格是指外帶價格。
- 食材和製作方法的說明根據各店的習慣進行。
- 夾層蛋糕構成部分的名稱，也根據各店的習慣紀錄。
- 分量爲「適量」的食材，請根據個人口味使用。
- 食材中的「%」表示乳脂肪含量，巧克力中的「%」表示可可含量。
- 食材的名稱、使用的工具和設備的名稱，也可能根據每家店的習慣而有所不同。
- 有關使用的麵粉和鮮奶油，已提供各店實際使用的產品名稱和品牌，但某些食材可能未提供相關訊息。
- 烘烤的溫度、時間等，根據各店使用的設備和拍攝時的數量而定。
- 店鋪的資訊基於 2019 年 9 月記錄。

向「Pâtisserie SATSUKI」學習
不斷進化的夾層蛋糕 Shortcake
標準的「製作方法」

以夾層蛋糕作爲招牌商品，多樣展開「Super series」和「Extra super series」等夾層蛋糕的『Pâtisserie SATSUKI』。這家糕點店以與衆不同的口味組合和結構，不斷將經典再進化，可以稱之爲先驅。本書中，我們訪問了 Grand chef 中島眞介先生，瞭解他對於夾層蛋糕的心意和堅持。

（詳見訪談文章 P014）

中島眞介

新大谷飯店HOTEL NEW OTANI Grand chef

1958年出生於愛媛縣。1977年進入東京新大谷飯店，於1979年開始擔任糕點師。1998年升任爲總糕點師。目前作爲 Grand chef，監督和指揮整個飯店的餐飲部門。

New extra super Melon Shortcake

「Extra super Melon Shortcake」是『Pâtisserie SATSUKI』所推出的「Extra super」系列中最受歡迎的產品之一，在素材和製作方法上都堅持著極致的追求。這款蛋糕經過不斷改良，於2021年7月進行了第三次更新。使用了Baumé糖度14以上的靜岡產馬斯克蜜瓜，每一塊蛋糕都使用了1/3顆。以「玄米卵」製作軟綿口感的蛋糕體，與輕盈的豆奶鮮奶油搭配，再以豆奶巧克力鮮奶油添加香氣和甜味。

4104日元（含稅）　※一日限量20份

Strawberry shortcake

這是一款由蛋糕體、鮮奶油和草莓簡單組成的蛋糕。草莓會根據每個季節挑選最美味的品種，每塊蛋糕約使用4顆草莓。草莓會切薄並分成兩層，這樣蛋糕體和鮮奶油之間的結合感更好。鬆軟的蛋糕體會漸漸潤濕增添風味，使用了柑曼怡香橙干邑（Grand Marnier）的糖漿，而鮮奶油則添加了櫻桃白蘭地（Kirsch），爲口味增添了深度。

702日元（含稅）

Super chocolate shortcake

這是爲了慶祝開業30周年並與情人節相搭配開發的巧克力夾層蛋糕。使用了兩種不同的蛋糕體，讓每一口都能感受到不同的風味。蛋糕中間夾著焦糖化的堅果、蘭姆葡萄乾、添加海藻鹽的巧克力卡士達醬，以及杏仁鹽味焦糖卡士達醬，可以品味到堅果、焦糖和巧克力之間的和諧美味，是絕妙組合。

1674日元（含稅）

Extra Super Ispahan Shortcake

這是爲了慶祝『Pierre Hermé Paris』開業20周年並以致敬之心開發的蛋糕。這款蛋糕的味道以玫瑰、荔枝和覆盆子爲主要構成。使用了小米、黍米和莧菜籽的白色穀物蛋糕，刷上荔枝糖漿，再添加荔枝果凍和玫瑰風味的2色鮮奶油，視覺上和香氣都十分華麗。

3240日元（含稅）　※一日限量20份

New edo matcha shortcake

這款夾層蛋糕由10個部分組成，具有像和服重疊一樣美麗的切面，十分吸引人。它使用了和三盆糖和抹茶兩種蛋糕體，夾心是杏仁奶和豆奶白巧克力卡士達醬，展現出獨特的新口味。同時，混合了荔枝的香氣，留下深刻的印象。在底部，加入了黑蜜紅豆餡、黑蜜果凍和白玉湯圓，呈現出和菓子般的風味和口感樂趣。

1296日元（含稅）

Strawberry shortcake

開心果
草莓
鮮奶油
海綿蛋糕
鮮奶油
草莓
海綿蛋糕
鮮奶油
草莓
海綿蛋糕

Extra Super Ispahan Shortcake

覆盆子
玫瑰花瓣
玫瑰風味的2種鮮奶油
白色穀物海綿蛋糕
玫瑰風味的2種鮮奶油
黑豆
覆盆子
白色穀物海綿蛋糕
荔枝
荔枝果凍
豆奶白色甘納許
白色穀物海綿蛋糕
玫瑰風味的2色鮮奶油

New extra super Melon Shortcake

荔枝
蜜瓜塊
豆奶鮮奶油
玄米卵海綿蛋糕
蜜瓜塊和荔枝
豆奶鮮奶油
豆奶白色甘納許
玄米卵海綿蛋糕
蜜瓜塊和荔枝
豆奶鮮奶油
豆奶白色甘納許
玄米卵海綿蛋糕

Super chocolate shortcake

焦糖甘納許馬卡龍
杏仁奶與和三盆糖鮮奶油
玄米卵海綿蛋糕
豆奶白色甘納許
焦糖堅果、蘭姆葡萄乾
杏仁鹽味焦糖卡士達醬
巧克力海綿蛋糕
巧克力卡士達醬
焦糖堅果、蘭姆葡萄乾
杏仁鹽味焦糖卡士達醬
玄米卵海綿蛋糕
杏仁奶與和三盆糖鮮奶油

New edo matcha shortcake

抹茶鮮奶油
抹茶馬卡龍
抹茶鮮奶油
玄米卵海綿蛋糕
荔枝
杏仁奶與豆奶白色甘納許
抹茶豆奶卡士達醬
抹茶海綿蛋糕
白玉湯圓
黑蜜紅豆餡＆黑蜜果凍
抹茶豆奶卡士達醬
玄米卵海綿蛋糕
豆奶鮮奶油

請問中島總主廚如何看待夾層蛋糕Shortcake？

夾層蛋糕是一種非常簡單的蛋糕，但在口味的構成上卻非常難。我認爲草莓夾層蛋糕的美味在於草莓的酸甜與香氣，鮮奶油的濃郁以及蛋糕體的鬆軟平衡。就像美味的肉和鮪魚一樣，好吃的東西會在口中融化消失。我們也希望夾層蛋糕能在放入口中的瞬間，所有的元素都能輕盈地呈現，宛如一股微風般的味道。因此，我們努力著要讓夾層蛋糕成爲這樣的美味體驗。

Q

「Extra super Melon Shortcake」是如何誕生的呢？

A

原本是爲了慶祝飯店40周年而推出。爲了表現剛才提到的特別風味，我們深知食材的選擇至關重要，於是在2004年開發了「Super sweets」系列。從那時起，我們開始想要製作出以日本優質水果爲特色的日本製夾層蛋糕(Shortcake)，並充分發揮飯店獨特的採購實力，逐漸增加了蜜瓜、桃子、芒果等不同風味的選擇。

Q

在製作夾層蛋糕(Shortcake)時，您有哪些特別注意和堅持的地方？

A

我認爲蛋糕就像一座建築物，首先要注意的是切開的斷面應該要美觀，其次是製作要堅固，不容易倒塌。我非常注重這一點。當顧客帶回蛋糕後打開盒子，如果蛋糕倒了，這絕對是不可接受的情況。因此，我會關注蛋糕體的厚度、水果的分切方式，以及刷塗糖漿的量等細節。夾層蛋糕的基本結構是水果、鮮奶油和蛋糕體各兩層，而且叉子插入後所有的部分應該能輕易地切下。這樣的夾層蛋糕(Shortcake)是我心目中最理想的狀態。關於味道，爲了讓顧客想要再次品嘗，不應該太複雜。口味吃不膩，反而是重點。比起使用不熟悉的食材組合，將大家熟悉的食材做出意想不到的製作方法更受歡迎。

製作飯店獨特的夾層蛋糕(Shortcake)，您遇到了哪些困難？

A

最困難的是製作蛋糕體以及與其他食材的搭配。雖然是飯店，並不代表可以隨意使用最頂級的材料。爲了製作出完美的蛋糕體，並與鮮奶油和草莓等水果組合成一個美味的夾層蛋糕，我們嘗試了許多不同的材料，並不斷

飯店使用高品質的材料和技術製作的「Super series」和更上一層樓的「Extra super series」等特別的夾層蛋糕。提供了許多獨特的種類選擇。夾層蛋糕位於櫃台的左側頂層，是顧客入店後第一眼看到的糕點。

Pâtisserie SATSUKI
パティスリー SATSUKI
地址／東京都千代田区紀尾井町 4-1
Lobby大廳
電話／ 03-3221-7252
營業時間／ 11:00-20:00
公休日／無休
https://www.newotani.co.jp/tokyo/restaurant/p-satsuki/

地測試它們的相適性，以找出最完美的配方。

Q

玄米卵海綿蛋糕使用的「玄米卵」是什麼樣的蛋？

A

這是我們與農家共同開發的一種蛋，由於健康意識在這個時代是趨勢，所以我們嘗試餵食雞隻玄米，看看會發生什麼：就從這個想法開始。雖然將這種蛋煮成水煮蛋後品嚐，一點也不好吃，但當我們用這種蛋製作蛋糕體時，蛋黃的腥味消失，蛋糕體的泡沫也和平常完全不同，這份感動至今仍然難忘。我們根據這種蛋進行了多次測試，與不同的糖搭配，最終確定採用最相容的和三盆糖。順帶一提，我每天早上都會把用於製作糕點的蛋煮成水煮蛋試吃，這是我20年來的習慣。我總是會特意聞聞蛋黃的香氣，因爲那會影響蛋糕體的風味。

時代變遷下，『Pâtisserie SATSUKI』進行了那些改良？

首先，『Pâtisserie SA-TSUKI』的夾層蛋糕，因爲每款蛋糕都有不同的概念，所以糖漿的濃度和蛋糕體的厚度等細節，每一種都不同。而且，我們也定期地進行改良。例如，用於糖漿的酒，以前全都是用柑曼怡香橙干邑（Grand Marnier），但現在我們開始使用君度香橙利口酒（Cointreau）、櫻桃白蘭地（kirsch）等不同種類的酒，並且減少了酒的使用量，以便讓更多客人能夠享受。至於用於蛋糕體的麵粉，我們不斷地進行更換，使用了米粉、國產小麥等。目前，我們使用了幾種混合麵粉，比例也經常變化。

您是如何獲得甜點的靈感呢？

A

我認爲與產品的生產者交談是最好的方法。透過與他們的交流，可以獲得很多有關產品的資訊。例如，「甘王品種」草莓是在自然資源豐富的土地上種植，但也經常受到自然災害的影響，讓人感到不安。另一方面，有一種在室內以人造太陽種植的草莓。糕點師需要尊重這兩種截然不同的生產方式，並在製作糕點時適度地結合使用。我們必須預見未來，而非所有食材永遠「理所當然」，因此必須時刻保持警覺，以應對可能出現的情況。

Pâtisserie Les Temps Plus

パティスリー　レタンプリュス

（千葉・流山市）

根據顧客的意見，注重夾層蛋糕的整體平衡進而調整配方

熊谷治久主廚受到在日本的法國糕點先驅者啟發，並親自遊歷法國各地學習糕點，對法式傳統糕點有深入了解。他的目標是打造一家提供多種風格糕點的正宗法式甜點店，『Les Temps Plus』不僅供應各種蛋糕、常溫糕點，還提供果醬、巧克力和冰淇淋，豐富多樣的產品迎合著客人的喜好。

雖然熊谷主廚對於糕點十分嚴謹，但他在商品開發過程中非常重視客人和店員的意見，不斷改進。就連夾層蛋糕，開店初期他將重點放在「蛋糕體是主角」，致力於提供美味的蛋糕口感。然而，透過聆聽客戶的意見，他發現客人更加希望品嘗草莓等水果和鮮奶油的美味，以及順滑的口感。因此，改變了配方，加入米粉等成分，調整了蛋糕體的厚度等，注重整體平衡，實現了蛋糕體與鮮奶油完美的融合。

此外，由於大多數客人會帶著蛋糕回家，因此蛋糕可能會放置半天以上再食用。他和店員一起品嚐半天後的蛋糕，發現鮮奶油的口感變得不太理想。當時使用的是100%高脂肪的鮮奶油，隨著時間的流逝，表面會變得乾燥並且形成奶油層，導致口感變差。為了防止時間帶來的變化，熊谷主廚做了一些改變，加入了部分複合鮮奶油（compound cream），以保持

owner chef

熊谷治久

武蔵野調理師專門學校畢業後，在『洋菓子の店グルメ（Gourmet）』、『Patisserie du Chef FUJIU』、『Au Bon Vieux Temps』等共11年的工作學習後，前往法國，在洛林（Lorraine）和巴黎累積經驗，回國後，在『Au Bon Vieux Temps』工作了二年半，之後於2012年在流山おおたかの森站前開設了『Pâtisserie Les Temps Plus』。2019年6月，移至稍微遠離車站的地方。此外，在柏高島屋內還有分店。

在法國時，於各地的古書店尋找料理書，購買了100本以上。透過學習這些被遺忘的老食譜，獲得新的發現，並拓展了自己的視野。

以法國正宗的糕點店爲模範，提供各種類型的甜點和維也納麵包。逐漸增加種類，目前包括生日蛋糕、麵包、烘焙點心、巧克力、果醬等。近年還引入冰淇淋，提供冰淇淋和雪葩。還有咖啡館區域供客人休息。

聆聽顧客的心聲並不斷進化 正統派糕點店的風味

長時間的順滑口感，這個做法成功的讓蛋糕口感一直保持新鮮。

經典的夾層蛋糕保持著純粹的風格，季節限定夾層蛋糕，則充滿了創意和趣味

最初，他們提供了一些帶有獨特創意的夾層蛋糕，例如在鮮奶油中添加草莓汁或果肉來增色。但是，因爲聽到顧客的意見，希望能做出更單純的產品，而轉變方向。將鮮奶油、蛋糕和草莓這三個元素進一步思考，回歸到更純粹的夾層蛋糕。

另一方面，『Les Temps Plus』也不斷開發除了經典之外的新款夾層蛋糕。例如季節限定的「Biscuit saison季節的海綿蛋糕」充分利用了當季的水果。以味道濃郁的香蕉和覆盆子作爲主打，結合了5種以上的水果，使糕點在口感和外觀上都豪華而多樣。此外，也會從當季的食材中獲得靈感。比如特定產季的「Surprise」中就使用了整個蜜瓜。將果肉挖空，一部分用於裝飾，一部分用於夾層，果汁則用於製作飲料。並將蜜瓜皮作爲器皿，將蛋糕、鮮奶油和蜜瓜依序堆疊成三層。特意選用小巧的蜜瓜，使每個顧客都能享受到自己獨一無二的〝蜜瓜〞體驗，這樣的設計增加了趣味性，讓顧客享受到更多的樂趣。

提供近30種的法式蛋糕，還有大約10種的多層蛋糕（entremets）。主打包括夾層蛋糕（Shortcake）、歐佩拉（Opera）、薩瓦蘭（Savarin）等受歡迎的經典款式，同時還加入季節限定的產品。

Chantilly Fraise
（草莓夾層蛋糕）

518日元（含稅）
販售期間　全年

當蛋液稍微打發起泡後，將預先加熱至具流動性的水飴倒入部分蛋液中，混合均勻。然後將混合物倒回攪拌盆中，使用高速攪打繼續打發。在最後的步驟，將速度降至中速，直到打發成細緻的蛋糊。

POINT 注意不要過度打入空氣，以免蛋糊變得粗糙。將水飴加熱至具流動性。加入水飴會使蛋液變得濃稠，但過晚加入可能會造成凝塊，要注意加入的時機。考慮效率，當蛋糊顏色變淺時加入水飴。直接加入水飴會聚集在蛋糊底部，因此需要先將一部分蛋糊與水飴混合後再倒回。

3

事先將奶油融化。將粉類（低筋麵粉、玉米澱粉、米粉）過篩備用。

Chantilly Fraise
（草莓夾層蛋糕）

這是我們主打的經典夾層蛋糕，全年提供。蛋糕體、鮮奶油和草莓的味道都不會過於突出，而是融合在一起，成爲一個平衡的完美組合。我們調整了每種成分的比例和厚度，當你品嚐時，蛋糕體和鮮奶油仿佛融化在一起。我們的蛋糕體經過精心製作，切成稍厚的片狀，並且刷滿了草莓汁。這樣使得蛋糕體充滿水分，呈現柔軟濕潤的口感。而鮮奶油部分，以前使用100%鮮奶油，但隨著時間的推移，鮮奶油表面會變乾，甚至有些變成了奶油狀，影響口感。爲了防止這種情況，我們改良了配方，加入了一小部分複合鮮奶油（compound cream），以確保鮮奶油香緹在一段時間之後仍保持順滑的口感，即使是客人帶回家品嚐，也能感受到頂級的滑潤度。

【配方的特色】

◎ 使用了3種不同的粉類：低筋麵粉、玉米澱粉和米粉。添加玉米澱粉可以使蛋糕質地細膩濕潤。而加入米粉則讓蛋糕更有彈性，口感更好。同時，使用低筋麵粉可以讓蛋糕表面細緻濕潤，所以選用粒度細緻的種類。
◎ 使用上白糖，爲蛋糕增添濕潤感。

【作法】

將全蛋、蛋黃和上白糖放入攪拌盆中，混合後進行打發。如果蛋液是冷的，可以將攪拌盆底部加熱，至蛋液接近人體溫度。

Biscuit · Chantilly
香緹蛋糕體

【材料】
38×29cm烤盤1片

全蛋…330g
蛋黃…60g
上白糖…188g
水飴…38g
低筋麵粉（日清 Sirius）…133g
玉米澱粉…33g
無鹽奶油…75g
米粉（群馬製粉 Riz Farine）…33g
牛奶…25g

在蛋糊打發到約8分發時，依序加入牛奶、粉類和融化的奶油，用矽膠刮刀輕輕混合。

POINT 如果蛋糊打發得很好，加入粉類等混合時仍然保持蓬鬆狀態。在蛋糊打到8分發時，加入牛奶和粉類，使麵糊混和均勻。

在烤盤上鋪烘焙紙，將麵糊倒入平整表面，底部墊上另一個烤盤。在160℃的烤箱中烘烤約20～25分鐘，當表面呈現出焦黃色時，將烤盤轉向後續烤，總共烘烤約35分鐘。

POINT 下墊另一個烤盤可減輕下火，用溫和的火力讓蛋糕慢慢膨脹。

從烤箱中取出，蛋糕脫模後放涼。

刷塗糖漿 Imbibage

【材料】 方便製作的分量

製作 Baumé 糖度10的糖漿（將1公升水與1350克砂糖混合，煮沸後冷卻）。刷塗糖漿的比例爲10（糖漿）：8（水）：2（檸檬汁）。

【配方的特色】

◎ 將糖漿和其他水分（如水和果汁等）按相同的比例混合使用。透過改變果汁的種類進行變化。由於有很多兒童客人，所以基本上不使用酒精。

【作法】

1

混合糖漿、水與檸檬汁。

鮮奶油香緹（夾層·表層用）

【材料】 方便製作的分量

42%鮮奶油（タカナシ乳業「特選北海道純鮮奶油」）…1000g
複合鮮奶油（compound cream タカナシ乳業 Laitcré）…100g
細砂糖… 88g

【配方的特色】

◎ 過去我們使用鮮奶油製作，但由於高脂肪含量，製作後隨著時間過去，會變成奶油狀且口感變差。爲了解決這個問題，我們添加了10%的複合鮮奶油。這樣即使時間流逝，也不易產生變化，且味道更加持久。

將第一片蛋糕體放入模具中，用刷子將大量的糖漿刷塗在表面。一片蛋糕體約使用20克的糖漿爲目標。

POINT 如果蛋糕體的質地較粗糙，塗上大量的糖漿會變得黏稠，但如果蛋糕體質地細緻，就能呈現出濕潤且口感柔滑的口感。

在第2層蛋糕體上均勻地塗抹鮮奶油香緹（夾層用，50g份量）。

去除草莓蒂，縱向切片。根據草莓的大小，對切成2片～3片左右，盡量保持均勻的厚度。

組合

【組成部分】

Petits gâteaux（8個份）

香緹蛋糕體（從前述的食譜中取出8片，使用其中2片）
刷塗糖漿…40g
鮮奶油香緹（用於夾層）…130g
鮮奶油香緹（用於表面）…70g
草莓（用於夾層）…130g
草莓（用於裝飾）…8顆
糖粉

【作法】

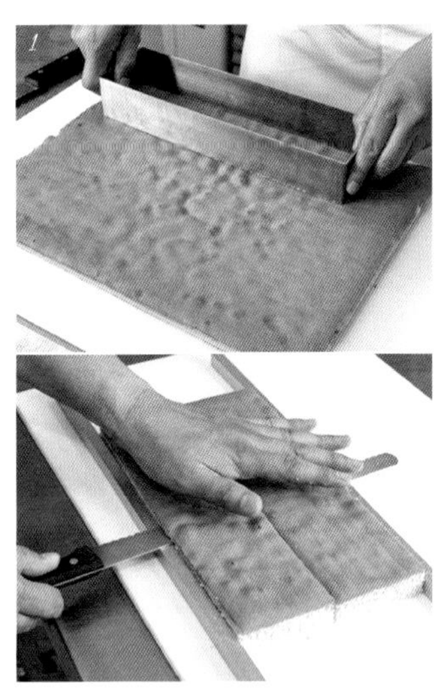

將壓模（寬8cm×長31cm×高5cm）在蛋糕體上壓出標記（從一片蛋糕體上壓出足夠3條的份量），再用刀子切下。切成厚約1.5 cm的薄片。在此過程中，用刀子切去蛋糕體表面上色的部分。

【作法】

將材料放入攪拌碗中，使用中速打發。打發至約7分發的狀態後，將其移到碗中備用。

在組裝時，將碗放入冰水中冷卻，同時進行攪拌。用於夾層的鮮奶油香緹應該被攪拌得相當堅實，直到鮮奶油香緹能隨著攪拌器一起拉起（如照片中間所示）。用於表層的鮮奶油香緹則應該攪拌得相當綿密，直到形成輕微的山峰（如最下方照片所示）。

POINT 添加複合鮮奶油可以使鮮奶油香緹更容易打發，而且隨著時間過去，它不易變軟。因此，建議將鮮奶油香緹攪拌成緊實的質地。

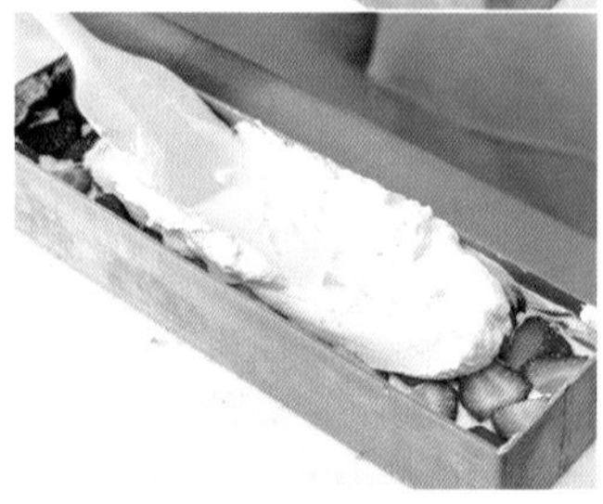

將步驟4的草莓排列在步驟3的表面，盡量填滿所有間隙。輕輕地按壓草莓，使其貼緊表面。然後再加上鮮奶油香緹（夾層用，80g份量），覆蓋住草莓，使其不再露出。

POINT 注意避免留下間隙，否則在完成時可能會形成內部的空洞。

將第二層蛋糕體覆蓋在上面，輕輕按壓表面使其平整。再使用刷子在表面刷塗糖漿。

在表面上塗抹鮮奶油香緹（表層用，70g份量）。平整表面並使用熱水加熱的梳狀刮板在表面做出波浪狀的紋路。清除多餘的鮮奶油香緹，使其平整。放入冰箱冷藏固化。

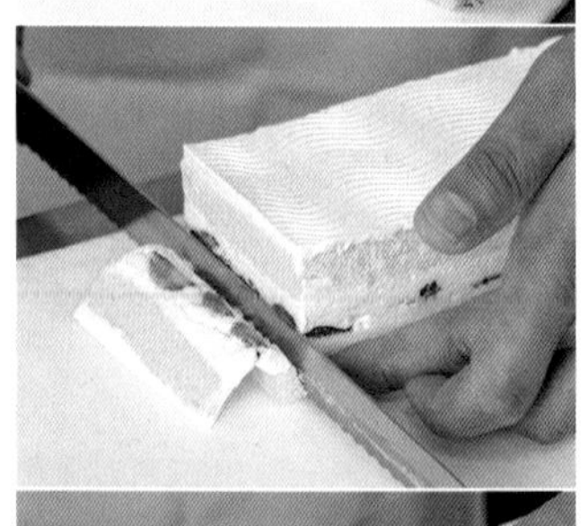

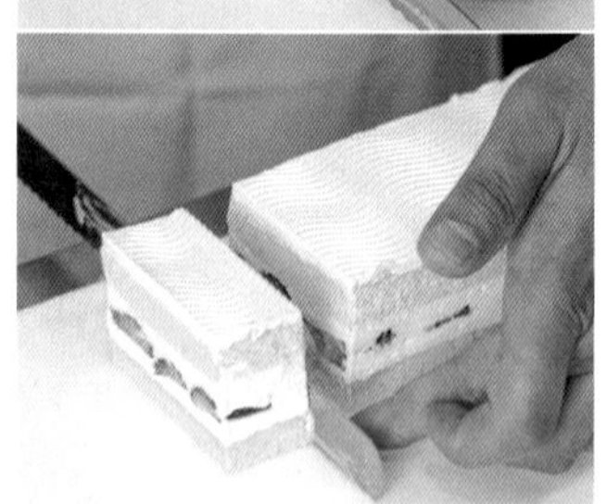

使用噴槍輕輕烤熱模型外側，將蛋糕脫模並切平側面。依3.5㎝的寬度分切成片。

放裝飾用的草莓。將鮮奶油香緹放入擠花袋，擠在草莓的兩端。篩上糖粉。

Biscuit saison

5號尺寸3888日元（含稅）　※銷售4～7號尺寸
販售期間　6～11月

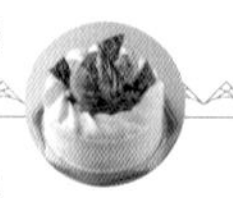

【作法】

將卡士達放入碗中，用矽膠刮刀輕輕攪拌，再加入鮮奶油香緹，混合在一起。保留一些濃稠度，用切拌方式輕輕攪拌，使其均勻。

POINT 如果將卡士達鮮奶油攪拌得太過，後續混合時可能會變得流動性較高，因此只需輕輕攪拌即可。而鮮奶油香緹則需要充分打發且稍微硬一些。

※1 卡士達
【材料】方便製作的分量
牛奶…1公升
香草籽（大溪地產）…1根
蛋黃…10顆分
細砂糖…250克
高筋麵粉…100克
無鹽奶油…100克
【作法】
1. 將牛奶和香草籽放入鍋中，煮至沸騰。
2. 將蛋黃和細砂糖放入缽盆中，用打蛋器打至變白。
3. 將高筋麵粉篩入蛋黃盆中，加入少量1拌勻後，倒回1的鍋中，再次攪拌。
4. 把3過篩，放回鍋中。用矽膠刮刀在大火下迅速加熱並攪拌。

POINT 一次迅速加熱會使卡士達緊實，表面光澤，增加彈性。

※2 鮮奶油香緹
材料和作法請參考P020的「鮮奶油香緹」夾層用。

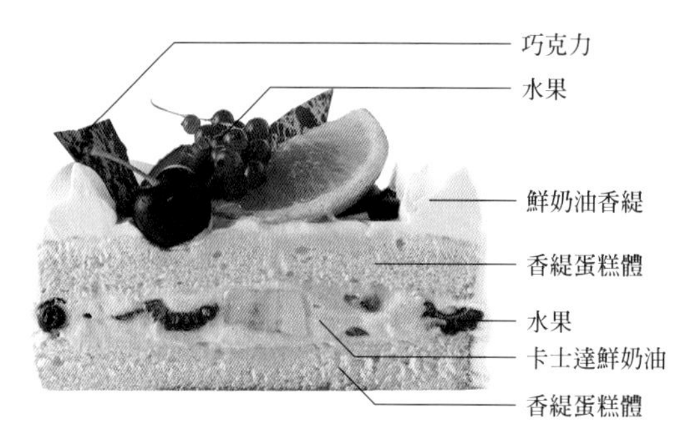

Biscuit saison

這是使用了豐富的當季水果，季節限定的夾層蛋糕。香緹蛋糕體（Biscuit Chantilly）是口感柔軟的類型。由於上面放滿了水果，為了保持形狀，我們在夾心用的部分使用了更堅實的卡士達鮮奶油（crème diplomate）。卡士達鮮奶油是一種濃郁的奶油餡，由卡士達（crème pâtissière）和一部分鮮奶油香緹（crème Chantilly）混合而成，可以支撐住水果，並帶來風味。夾心用的水果大約使用了5種左右。味道的主體由香蕉和覆盆子來決定，這兩種水果一定會使用。此外，還用了當季的其他水果，如草莓、奇異果、藍莓等，讓整個蛋糕的口味更加豪華。

卡士達鮮奶油

【材料】使用量

卡士達（crème pâtissière）…120g
鮮奶油香緹（crème Chantilly）…40g

【配方的特色】

◎ 會將大量的水果擺在上面，為了承受其重量，我們會讓夾心用的鮮奶油香緹打發得稍微硬一些。

香緹蛋糕體

材料和作法請參考P019的「Chantilly Fraise」。按照同樣的份量，製作5個5號尺寸的蛋糕。使用15cm圓形模，在160℃下烘烤約25分鐘。

將鮮奶油香緹塗在蛋糕體的表面和側面。先薄薄地塗一層，然後再加一些鮮奶油香緹，再次塗抹，使表面平整美觀

將鮮奶油香緹填入放有聖多諾黑花嘴(Saint-Honoré)的擠花袋中，在表面擠出裝飾。

再放上草莓、香蕉、覆盆子、綠色奇異果、藍莓、蘋果、柳橙、蜜瓜、葡萄和裝飾用巧克力。

塗上卡士達鮮奶油，然後把切好的夾層用水果填滿，讓它們緊密排列。

POINT 考慮到食用時味道的均衡，要平均地放置各種水果。

覆蓋上足夠的卡士達鮮奶油，讓水果完全覆蓋。

蓋上上層的蛋糕體，再次用刷子塗上糖漿。

刷塗糖漿 Imbibage

材料和作法請參考P020的「刷塗糖漿」。

組合

【組成部分】

15cm圓形蛋糕1個

香緹蛋糕體…15cm的圓形烤模1個
刷塗糖漿…36g
卡士達鮮奶油…160g
鮮奶油香緹…120g
夾層用水果(草莓、香蕉、覆盆子、綠色奇異果、藍莓)…各適量
裝飾用水果(除夾層用水果外，還有蘋果、柳橙、蜜瓜、葡萄)…各適量
裝飾用巧克力…適量

【作法】

把蛋糕體表面上色的部分切掉，再橫切成2cm厚的片狀。

在作爲底部的蛋糕體上均勻地刷塗上糖漿。

Surprise

1296日元（含稅）
販售期間　6～8月

香緹蛋糕體

材料和作法請參考 P019的「Chantilly Fraise」。

鮮奶油香緹

【材料】方便製作的分量

48%鮮奶油（OMU「Crème pour SOIGNER」）…1000g
細砂糖…80g

【配方的特色】

◎ 使用來自九州的高脂鮮奶油。

【作法】

1

在碗中將材料混合，下墊冰水冷卻的同時輕輕打發。打發至稍微出現尖端下垂狀即可。

POINT 由於使用了高脂鮮奶油，過度打發會讓口感變差。所以要細緻地打發，以較柔軟的狀態完成。

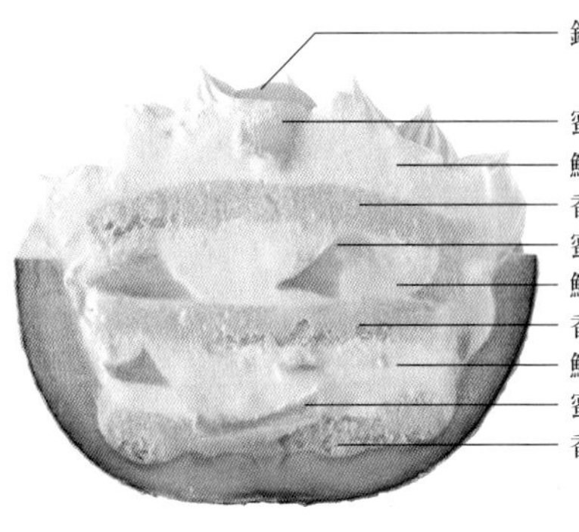

Surprise

夏季限定的蜜瓜鮮奶油蛋糕。在製作鮮奶油時，我們使用了九州產的稀有鮮奶油，百分之百純正的高品質鮮奶油，既爽口又帶有豐厚的口感，再配搭季節水果蜜瓜。高脂肪的鮮奶油如果打發得太過，口感會變差，因此我們稍微保留鬆軟度地打發。而多汁的蜜瓜在組合後也會滲出果汁，會對保形性造成影響。因此我們使用蜜瓜的果皮部分作爲容器。選用小型蜜瓜在店內繼續熟成，以確保其熟度。將蜜瓜切半，挖空內部，一部分用於裝飾，另一部分用於做夾層。同時，我們將種籽周圍多汁的部分濾出，加入糖漿內，以充分運用蜜瓜的每一部分。

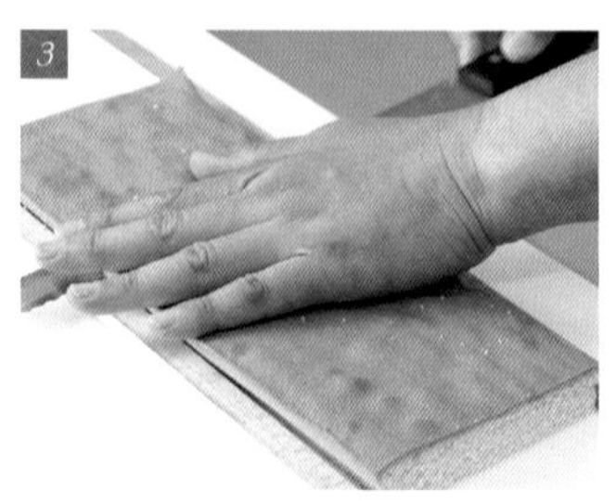

把蛋糕體切成8mm的厚度。

用圓形壓模壓切蛋糕體，每個蛋糕使用直徑7cm的壓模壓切出2片蛋糕體，使用直徑8cm的圓模壓切出1片蛋糕體。

組合

【組成部分】

Petits gâteaux 1個

香緹蛋糕體…直徑7cm 2片＋直徑8 cm 1片
鮮奶油香緹…100克
蜜瓜（青肉）直徑10～11 cm大小…1/2個
刷塗糖漿…10克
鏡面果膠 Nappage…適量
南天竹（裝飾）

【作法】

使用成熟的蜜瓜，將其橫向切半，去除種籽，保留種籽使用於刷塗糖漿。

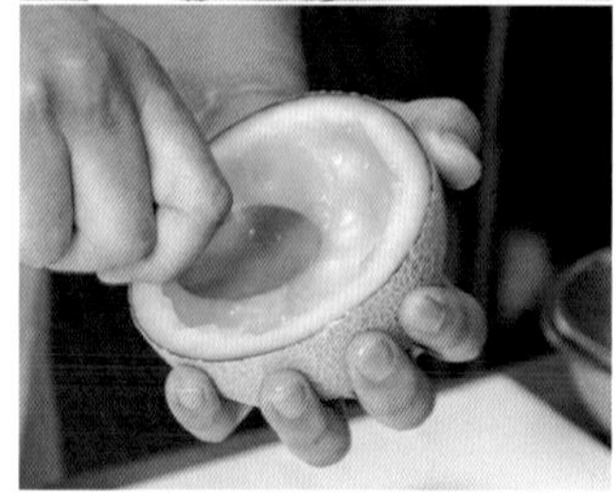

用湯匙將蜜瓜果肉挖成圓球狀，當果肉部分挖空後，可用湯匙挖平底部。挖出的果肉用於夾層。保留剩餘的蜜瓜皮作爲容器，不要丟棄。

刷塗糖漿 Imbibage

【材料】方便製作的分量

製作 Baumé糖度10的糖漿（將1公升水與1350克砂糖混合，煮沸後冷卻）。刷塗糖漿的比例爲10（糖漿）：8（蜜瓜果汁＋水）：2（檸檬汁）。

【配方的特色】

◎ 從蜜瓜的種籽部分榨取果汁並加以使用。由於每次的果汁量不同，因此需要用水進行調整。

【作法】

將帶有蜜瓜種籽的部位挖出，使用濾網過濾，獲得果汁。

將濾得的果汁與糖漿、水、檸檬汁依比例混合在一起。

為了讓蜜瓜可以穩定放置，修切蜜瓜底部，使其平坦。

把步驟2的蜜瓜皮當作容器，底部鋪上直徑7cm的蛋糕體。用刷子塗抹大約3克的糖漿。

把鮮奶油香緹放入擠花袋中，擠在步驟6的蛋糕體上方。

取出步驟2中的蜜瓜夾心果肉（大約一半），將其切成適當大小，放在步驟7的鮮奶油香緹上。然後再擠上鮮奶油香緹，覆蓋表面。

疊放直徑7cm的蛋糕體，用刷子塗抹約3克的糖漿。再擠上鮮奶油香緹，放上剩餘的蜜瓜夾層果肉。

把鮮奶油香緹擠成凸起狀，蓋上第3片直徑8cm的蛋糕體，使其成爲圓頂狀。

在蛋糕體表面塗抹約3克的糖漿。再擠上鮮奶油香緹，覆蓋整個表面。

在蛋糕上擺放步驟2挖出圓球狀的蜜瓜果肉，然後在蜜瓜上塗抹適量的鏡面果膠。然後擠上鮮奶油香緹填滿蜜瓜果肉之間的空隙。最後以南天竹裝飾。

Pâtisserie Les Années Folles

パティスリー　レザネフォール

（東京・惠比寿）

owner chef

菊地賢一

1978年出生於神奈川縣。在完成烘焙專業學校的學業後，在東京的「Patissier ARPAJON」以及法國的「Park Hyatt Paris-Vendôme」和「Sébastien Gaudard」進行專業訓練。2008年獲得法國Concours gastronomiques d'Arpajon優勝，以及在國內外多個比賽中獲得獎項。2012年獨立開設了自己的店鋪。他專注於追求口感，以柔軟的蛋糕體和1cm厚輕盈的鮮奶油香緹爲主要組成部分。

他與全國各地的農家建立緊密聯繫，將這些連結應用於產品開發。即便是相同的材料，不同產地的風味也會有所不同，因此會探索如何發掘原材料的特色，並據此進行烹調和食材組合的研發。

日本人最喜歡的 Petits gâteaux

「Les Années Folles」是一家以多種形式，展現法國傳統和創新的糕點店，於2012年11月在東京惠比壽開業。

在尊重法國傳統糕點的基礎上，重新構築受現代顧客喜愛的風味、香氣和口感。透過這樣展現法國糕點，贏得了眾多粉絲的支持。

代表商品是全年都陳列在櫃台的「Gâteau Chantilly Fraise」。這款由多層蛋糕（entremet）切出的三角形小蛋糕上放著一顆草莓，外觀令人聯想到郵件的表情符號，是大家熟悉的草莓夾層蛋糕（shortcake）。

儘管在法國糕點中並不存在這樣的蛋糕，但草莓夾層蛋糕是最受日本人歡迎的小蛋糕，將其視爲糕點店必備的存在。

店主菊地賢一主廚表示：「我們的商品一半是我想做的，另一半是顧客想要的。只做我想做的商品是行不通的。我認爲眞正的款待是提供顧客想要的。」

蛋糕體與鮮奶油 1比1的黃金比例

「Gâteau Chantilly Fraise」每日平均售出30片，在週末和假日店內會販售出4~5個未分切的完整蛋糕。菊地主廚的

「Les Années Folles」標榜著「Remodeling」，將傳統的法式糕點重新調整以滿足現代顧客的需求，並推出相應的產品系列。本店位於惠比壽，在中野也設有分店，因應各店客戶群推出適合的商品。

追求口感順滑，以柔軟的蛋糕體和1㎝厚的輕盈鮮奶油香緹來構成

目標是創造出「蓬鬆的蛋糕體口感」，並與「香濃的鮮奶油香緹」和「草莓的甜酸風味」結合，打造出絕妙的夾層蛋糕。

爲了製作鮮奶油香緹（crème Chantilly），選擇乳脂肪含量38%輕盈口感的類型，同時保留了濃厚的牛奶口感和風味。菊地主廚說：「過去的夾層蛋糕慣例上使用乳脂肪含量40%以上的鮮奶油，比較厚重。」而現代的傾向是喜歡輕盈的鮮奶油，因此選擇了乳脂肪含量38%的類型。

由於鮮奶油香緹相對輕盈，所以蛋糕體的口感保持柔軟中帶有一些緊實感，混入了少量的高筋麵粉以達到這種效果，並增加蛋黃的用量以提高風味，讓蛋糕體與鮮奶油香緹達到平衡。至於草莓，堅持使用「栃乙女」品種，這種草莓有著適中的酸味和甜味，能完美地調和蛋糕體和鮮奶油香緹的甜味與酸味。

蛋糕體和鮮奶油香緹各自爲1㎝厚，這也是重要的特點。菊地主廚：「我們精確地計算在入口時可以均衡融化，這就是達成1：1黃金比例的結果。」

儘管「Gâteau Chantilly Fraise」全年都有銷售，但也會根據季節變化推出新的Petits gâteaux（小蛋糕）。這些新品靈感來自全國各地農家提供的水果。會根據不同產地的風味來組合創作，並將與農家交流所誕生的創意，應用於商品開發中。

店內時常提供4～5種不同的多層蛋糕，還有20種以上的小蛋糕、馬卡龍和巧克力等。經典商品約有10種，其他產品則會根據季節進行更換。

「Gâteau Chantilly Fraise」的多層蛋糕（entremet）作爲慶祝用的蛋糕也非常受歡迎。

Gâteau Chantilly Fraise

539日元（含稅）

販售期間　全年

使用攪拌機高速攪打1。當整體顏色變淺後，切換到中速，攪拌至蛋糊體積膨脹。最後切換至低速攪拌，使蛋糊質地細緻如緞帶狀，即爲完成。

在鍋中加入奶油和牛奶，加熱至融化，溫度達到45~50℃。

將低筋粉和高筋粉混合篩入，並用矽膠刮刀一點點地加入2中，攪拌均勻。

POINT 爲了不破壞氣泡，要從底部輕輕地翻起混合。

Gâteau Chantilly Fraise

菊地主廚：「草莓、鮮奶油香緹和海綿蛋糕的組合令人難忘，是日本人最喜愛的夾層蛋糕。」爲了凸顯蛋糕的濃郁口感，在海綿蛋糕中加入了具有透明感的君度橙酒糖漿。同時，爲了使蛋糕口感柔軟，又保持緊實的質感，添加了高筋麵粉，混合時要避免氣泡破裂散失，小心翼翼地進行。至於鮮奶油，考慮與海綿蛋糕的平衡，選擇了輕盈的口感。海綿蛋糕和鮮奶油香緹個別以1cm的厚度疊在一起，每層蛋糕中夾著65克的草莓。這種精心計算的厚度和份量，確保了3種成份在口中平衡地融合。

【作法】

將全蛋、蛋黃和細砂糖放入攪拌碗中，採用水浴法加熱至40~45℃。

海綿蛋糕 pâte à génoise

【材料】

15cm圓形2個

- 全蛋…3個
- 蛋黃…50g
- 上白糖…120g
- 低筋麵粉（日清 Violet）…110g
- 高筋麵粉（日清 Camellia）…10g
- 無鹽奶油…24g
- 牛奶…24ml

【配方的特色】

◎ 爲了確保蛋糕體擁有緊實的口感，加入少量的高筋麵粉。
◎ 因爲蛋糕體要與較輕盈的鮮奶油香緹搭配，因此口感「柔軟」不如稍微「留有質地」更適合，以取得整體的平衡。

鮮奶油香緹

【材料】方便製作的分量

38%鮮奶油（タカナシ乳業「Fresh cream」）…500g
細砂糖…50g

【配方的特色】

◎ 乳脂肪成分採用較低的38%，使口感輕盈。
◎ 不使用香草精等調味，而使用濃郁的北海道釧路產牛奶，擁有濃厚的牛奶風味。

【作法】

1
將鮮奶油和細砂糖放入攪拌盆中，以中速攪拌，打發成7分發的狀態。

君度橙酒糖漿

【材料】方便製作的分量

水…150g
細砂糖…100g
君度橙酒（Cointreau）…30g

【配方的特色】

◎ 由於柳橙的風味非常受日本人歡迎且親切，所以在這裡使用了柳橙酒－君度橙酒（Cointreau）來增添風味。

【作法】

1
將水和細砂糖放入鍋中，加熱至沸騰（Baumé 糖度 27）。然後離火，加入君度橙酒再放至冷卻。

5
將4的麵糊取部分倒入3的鍋中，攪拌均勻。

6
將5全部倒回4中，用矽膠刮刀攪拌至整體有光澤。

POINT 攪拌過度會破壞氣泡，因此當奶油均勻分佈時停止攪拌。

7
將6的麵糊倒入鋪有烘焙紙的烤模中。

8
在麵糊表面顏色較深的地方插入竹籤，輕輕地攪拌均勻。

POINT 檢查油脂分佈是否均勻，使整體顏色均一。

9
將烤模從上方落下，排出麵糊中的空氣。

10
在預熱完成上火160℃，下火170℃的烤箱中烘烤35分鐘。

11
用手指輕輕按壓蛋糕體表面，如果能彈回則表示烘烤完成。

12
取出烤模，不要剝離烘焙紙，在架子上冷卻。用保鮮膜包好冷凍。

將抹刀的末端靠近蛋糕側面，斜向從下往上輕輕劃過，裝飾蛋糕的四周。

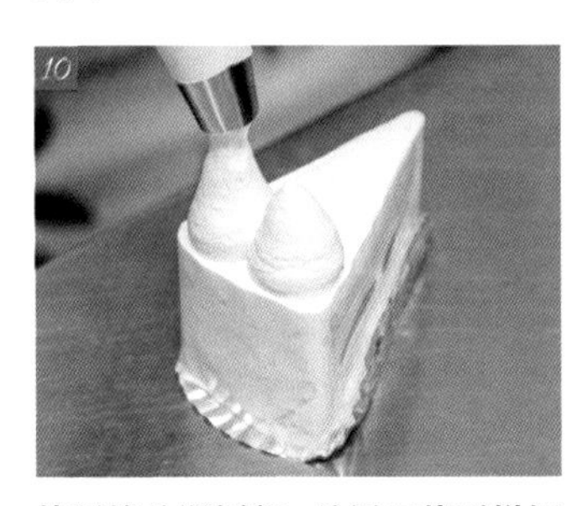

使用等分器標記，並用刀將蛋糕切成10等份，將切面以塑膠片圍邊後放在鋁箔紙上。使用擠花袋（圓花嘴）在頂部擠上鮮奶油香緹。

在蛋糕上篩糖粉，放上1顆草莓和1顆藍莓，並插上裝飾片。

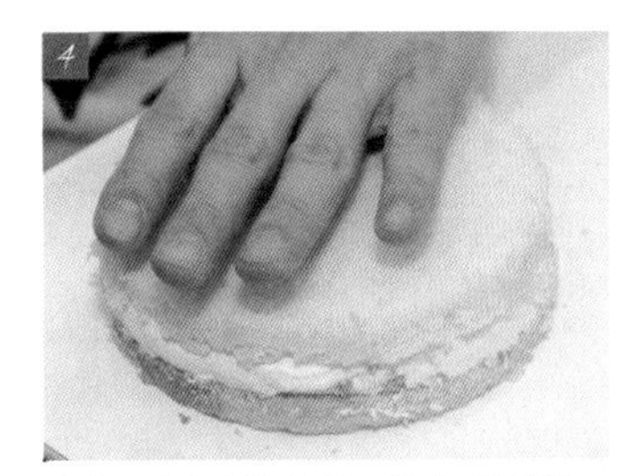

底部一層不放草莓。放上蛋糕體，塗上君度橙酒糖漿。

鋪上鮮奶油香緹，再用刮刀將其抹平，再將8～9mm厚的草莓片（使用栃乙女草莓）排列，注意不要重疊。

POINT 將65克的草莓用於5號蛋糕模型，以保持與鮮奶油香緹的平衡。

在草莓上輕輕抹少量鮮奶油香緹，再放上海綿蛋糕。

7

將海綿蛋糕重疊，放在轉盤上，塗上一層君度橙酒糖漿。

最後，鋪上7.5分打發的鮮奶油香緹，用刮刀均勻塗抹表面和側面。

組合

【組成部分】

Petits gâteaux 10個

海綿蛋糕…15cm圓模1個
君度橙酒糖漿…10g
鮮奶油香緹…100g
草莓（夾層用）…65g
草莓（裝飾用）…每個1顆（L尺寸）
糖粉…適量
藍莓（裝飾用）…每個1顆

【作法】

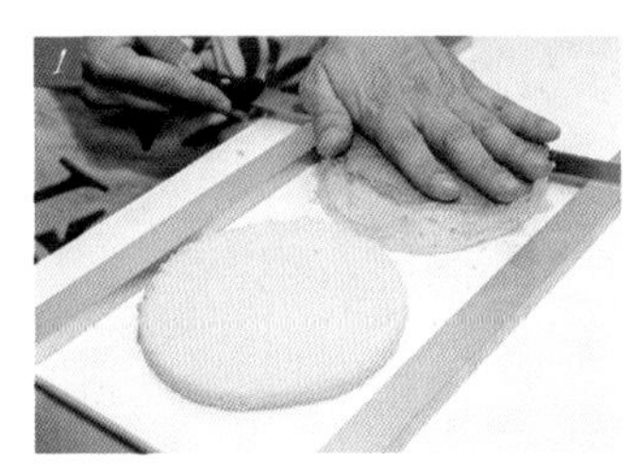

切掉海綿蛋糕底部烤上色的部分。再橫切爲3層，每層約1公分厚，切口處要平整。

將底部蛋糕體放在最底層，用毛刷輕輕塗上君度橙酒糖漿。

POINT 烤上色的部分容易吸收糖漿，所以不要塗得太多。

放上8分打發的鮮奶油香緹，用刮刀抹平，使其厚度約1公分。

POINT 考慮口感將蛋糕體和鮮奶油香緹各形成約1公分的厚度。

Pâtisserie Etienne

パティスリー　エチエンヌ

（神奈川・新百合ヶ丘）

owner chef

藤本智美

1970年出生於神奈川縣。先後在橫濱王子飯店和東京君悅飯店（Grand Hyatt Tokyo）擔任糕點料理長。在2007年的「Coupe du Monde de la Pâtisserie 世界糕點師大賽」中獲得優勝。2011年，他與妻子美弥一起獨立創業，開設Pâtisserie Etienne。

會親自與團隊的員工一同前往產地參觀，深入瞭解使用的水果、蛋等原材料。在桃子盛產期，甚至每週三次造訪農園，親手採摘新鮮的水果。這樣的做法讓他們更加熟悉並重視素材的品質。

使用圖片搜尋應用程式來瀏覽藝術、建築、風景等照片，以獲得靈感。這些不同領域的圖片能夠啟發他的創作靈感，從中獲取新的設計概念。

親自前往挑選當季的水果並加以運用

『Pâtisserie Etienne』是一家擁有多樣化魅力的糕點店，從使用豐富水果的華麗蛋糕到有趣的刨冰和可麗餅，都有不同的選擇。其中，「タンブラン」是從開業初期就販售的法式草莓夾層蛋糕，充分展現了當時的概念。

這裡介紹的是以時令水果爲主的夾層蛋糕（shortcake）。隨著季節的變化，夾層蛋糕使用不同的水果，如芒果、桃子、哈密瓜、草莓、無花果和洋梨等。甚至連經典的草莓夾層蛋糕也是在2021年之後，在有好品質的草莓產出時限定販售。爲了配合不同的水果，蛋糕體使用了2種不同的麵糊，並以昂貴的和三盆糖製作成高級的海綿蛋糕（Pâte à génoise）。

主廚藤本智美的糕點製作理念是「精選原料，聆聽材料的聲音」。使用的水果包括一年使用2萬顆的桃子，並從全國各地的農家進口，合作夥伴多達40家。藉由與員工一起前往產地進行培訓，增加對材料的喜愛和瞭解，並應用於製作糕點。爲了讓水果本身的風味更突出，夾層蛋糕（shortcake）的製作方

特色點心包括「リベルテソヴァージュ Liberté Sauvage」，店內常備20種以上的小蛋糕（Petit gâteau）、當令時節的水果糕點，也有蛋糕卷、果凍和烘烤的塔…等多樣豐富的選擇。

式是將大塊的水果層夾在下方，凸顯其存在感。由於水果的口感會隨著削皮或切塊而改變，因此直到最後一刻才進行組合也是店家的堅持。

當日烘焙海綿蛋糕

蓬鬆的口感是海綿蛋糕的特點，在高密封度的烤箱中每天早上烘焙所需份量。「日本人喜歡甜美柔軟的食物。我認爲海綿蛋糕的水分越多，越容易入口，所以我們將早上烘焙的蛋糕在當天供應。嘗試過使用烘焙紙烘焙，但用圓形模具烤出來的口感更美味。」藤本主廚這樣說。所用的麵粉是增田製粉的「特寶笠」，它的味道不會過於強烈，不過度凸顯麵粉的風味，並且它形成的麵筋較少。蛋則是來自當地黑川的家禽場，每次間隔1～2天的時間，購入前一天新鮮產下的雞蛋。

糖使用的是溫和甜味的甜菜糖。它提升了主要材料（水果）的風味。鮮奶油則是使用3種鮮奶油混合而成，調整至38％，以符合現代人對輕盈風味的需求。糖的含量則控制在7％，偏向甜味適中。『Pâtisserie Etienne』的經營理念是將地區需求以及自己想創造的糕點相互協調。藤本主廚表示，他們反覆嘗試與失敗，這10年才確立了自己的風格。他們希望將來的夾層蛋糕（shortcake）也能根據時代和地區的需求不斷進化。

蓬鬆的海綿蛋糕和多汁鮮美的水果，是強力宣傳的重點

常備5款多層蛋糕（entremets），其中「水果夾層蛋糕」（3636円起）以多種水果裝飾，呈現華麗的造型。

店內以白色和粉紅色爲主調，營造出可愛的氛圍。隨處可見吉祥物豬的插畫。廚房一角採用玻璃牆，可從店內看到製作過程。

一宮窪田農園的桃子夾層蛋糕

572日元（含稅）

販售期間　7～8月末

把步驟2中的混合物以高速攪打3分鐘，中速攪打3分鐘，然後慢慢轉至中低速攪打3分鐘，直到混合物變得細緻。

POINT 攪拌時要著重速度感。一開始以高速打發，使空氣充分混入，然後慢慢降低速度使蛋糊緊密細緻。

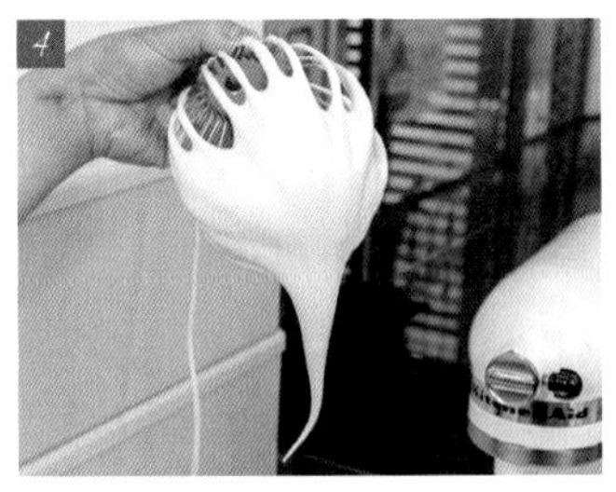

完成的判斷是，將蛋糊滴下時會在表面留下輕微痕跡，用打蛋器拉起時，蛋糊會有些下垂。可以在完全打發前一點點的時候停止攪打。

POINT 混合好的蛋糊應該是蓬鬆且呈乳霜狀。

把蛋糊放入碗中，同時篩入低筋麵粉，用矽膠刮刀從底部輕輕舀起，輕柔地混合。

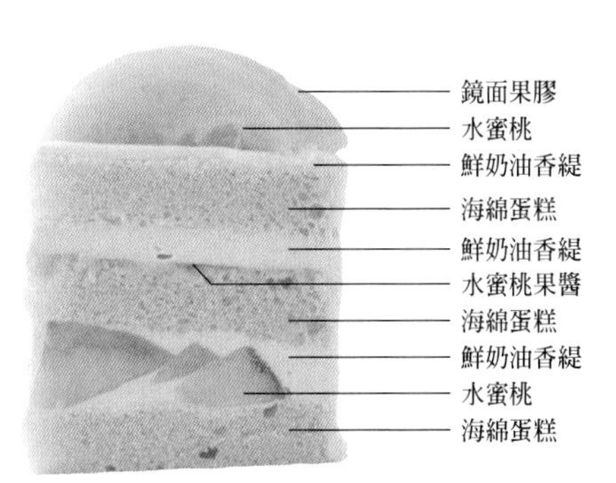

一宮窪田農園的桃子夾層蛋糕

這是夏季限定的水蜜桃夾層蛋糕，使用從山梨縣窪田農園進貨的白桃。此外，在頂部放置一整顆水蜜桃特殊版本的糕點也在此時販售。「水蜜桃含有豐富水分，口感淡雅，特有的香氣和水潤是它的特點。」藤本主廚說道。因此，他使用了大塊切開的水蜜桃作爲夾層和裝飾，讓人充分享受水蜜桃的風味。以較不甜也不添加香草風味的鮮奶油香緹來搭配水蜜桃，讓人能夠完整地品味水蜜桃的原汁原味。此外，考慮到單一水蜜桃的口感會顯得過於單調，夾層中還添加了混入覆盆子做成的水蜜桃果醬，補充了酸味和香氣。

【作法】

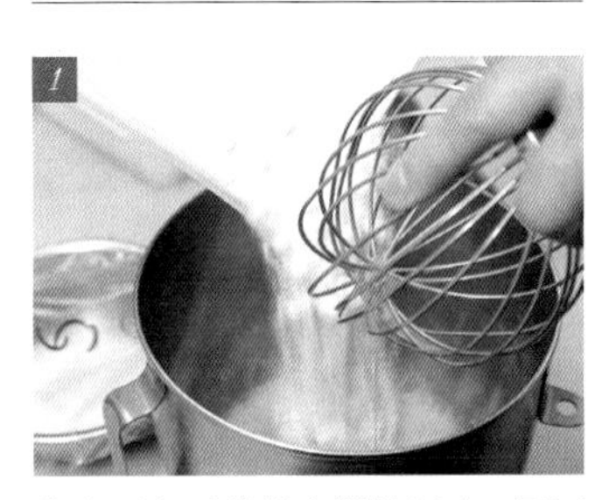

1 將全蛋和蛋黃放入攪拌缸中，用打蛋器攪拌均勻，然後加入砂糖再次混合。

2 隔水加熱，一邊攪拌一邊融化砂糖，直至蛋液溫度達到人體溫度。

海綿蛋糕

【材料】

15cm圓模2個

全蛋（黑川的新鮮雞蛋）…204g
蛋黃…19g
細砂糖…134g
低筋麵粉（日本製粉 Enchanté）…115g
牛奶…19g
無鹽奶油…19g

【配方的特色】

◎ 這個食譜的基礎是在飯店學習時學到的，配方中有較多的蛋黃，使海綿蛋糕口感更豐富。相較於僅使用全蛋，此配方可以減緩水分從水果移到蛋糕內部的速度。

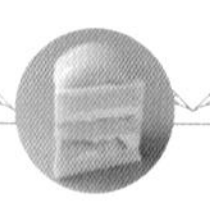

加入果膠，用小火煮至變得濃稠，並達到糖度 Brix 50。

關火後，加入檸檬汁，然後將鍋子下墊冰水冷卻。

鮮奶油香緹

【材料】使用量

45%鮮奶油（森永乳業 Fresh Heavy）…248g
38%鮮奶油（中沢乳業 Fresh Lilac）…248g
複合鮮奶油（森永乳業 Freina 20）…163g
香草精萃…0.4g
細砂糖…46g

【配方的特色】

◎這款蛋糕混合了美味純白且容易操作的「Fresh Heavy」鮮奶油，搭配濃郁風味的「Fresh Lilac 38」和複合鮮奶油「Freina 20」，打造出脂肪含量約36%的清爽鮮奶油香緹。

水蜜桃果醬

【材料】使用量

水蜜桃（白桃）…150g
覆盆子（冷凍）…17g
甜菜糖…130g
海藻糖（Trehalose）…15g
果膠（pectin）…2g
檸檬汁…15g

【作法】

1

前一天將白桃迅速浸入熱水，立即放入冰水剝去外皮。泡入糖漿備用。

POINT 剝白桃皮時，從尾部開始剝離，這樣比較容易剝落。

2

去除白桃的核，然後切成小塊。將覆盆子略切。

步驟2、甜菜糖和海藻糖放入鍋中煮沸。白桃的果肉有纖維，需要充分加熱，讓纖維也熟透。

POINT 若時間緊迫，可在沸騰後關火蓋保鮮膜，靜置5～6分鐘，果肉會變得軟爛。

使用手持攪拌器攪打，使其變成光滑的狀態。

POINT 如果殘留果肉，容易變色，所以使用手持攪拌器將其充分打成光滑狀。

將40℃溫暖的融化奶油加入麵糊中，混合後比重應爲100ml 38g。

把麵糊倒入鋪了烘焙紙的模型中，放入上火160℃，下火140℃的烤箱，烤約30分鐘。

從烤箱取出後，脫模並撕去烘焙紙，然後放在冷卻架上冷卻。

POINT 新鮮的蛋糕體蓬鬆柔軟，不要立刻倒扣冷卻，要撕去烘焙紙再冷卻，裝飾時表面才不會易碎。

放置第二片蛋糕（即步驟3中間的那片）頂部朝下，表面塗上水蜜桃果醬，然後再鋪上鮮奶油香緹。

放置第三片蛋糕（即步驟3最上面的那片），頂部朝下，然後側面和頂面分別塗上7分發的鮮奶油香緹來完成。

POINT 鮮奶油香緹的塗抹要從底部開始，保持直立和整潔的外觀。而且，塗抹時不要刮掉蛋糕的表面，而是要像"堆疊"一樣輕輕放置。

7

放入冰箱冷藏後，將每個15cm圓形蛋糕切成6等分。將步驟1中的水蜜桃（裝飾用）切成1.5cm厚的半月形，放置在蛋糕上，然後在水蜜桃表面塗上適量的鏡面果膠。

夾心用的水蜜桃切成1.5cm厚的半月形，用紙巾輕壓吸去水分。

切去蛋糕頂部烤至上色的部分，將蛋糕橫切成3片（每片厚度約1.7cm）。

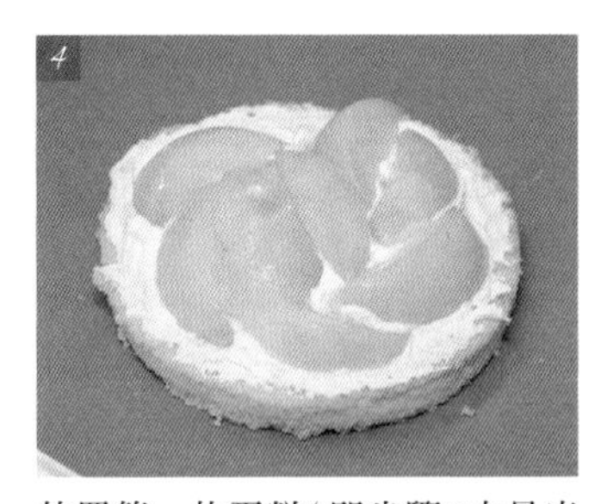

放置第一片蛋糕（即步驟3中最底部的那片）頂部朝下，用8分發的鮮奶油香緹薄薄地塗抹在蛋糕上，放上2的水蜜桃。只在這一層放夾心用的水蜜桃。用紙巾輕壓，吸去水分，並用鮮奶油香緹填補空隙。

POINT 為防止水蜜桃的水分滲入蛋糕，組裝時要用紙巾吸去水分。

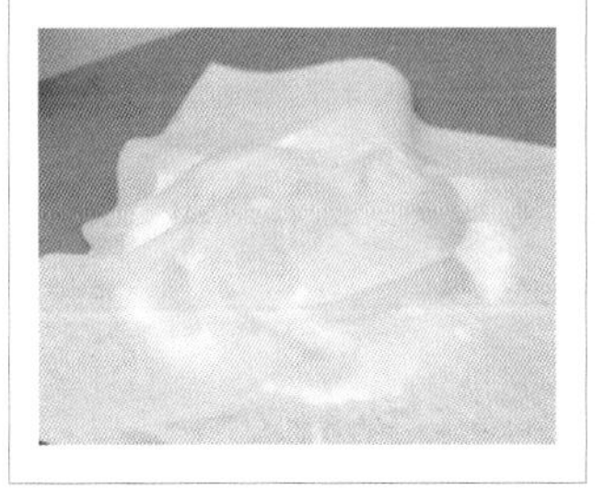

【作法】

1

將3種鮮奶油放入鋼盆，加入細砂糖和香草精萃，用高速攪打（夾層用鮮奶油打到8分發，表層覆蓋用鮮奶油稍微柔軟，打到7分發）。

POINT 夾層用的水果水分含量較高，需要稍微強力地打發鮮奶油。

組合

【組成部分】

Petits gâteaux 12個

水蜜桃（夾層用）…大顆2個
水蜜桃（裝飾用）…2顆
維生素C（抗壞血酸）粉末…適量
海綿蛋糕…15cm圓模2個
鮮奶油香緹…上述全部份量
蜜桃果醬…上述全部份量
鏡面果膠（Nappage neutre）※…適量

※鏡面果膠通常需要加水稀釋並加熱後使用，但使用凝膠劑（Inagel）只需以溫度來調整黏度，具有較好的操作性，因此用來自製鏡面果膠。將水（200ml）、凝膠劑（5.6g）、細砂糖（80g）、檸檬汁（10g）混合煮沸。

【作法】

水蜜桃放入滾水中稍微汆燙後，立刻放入冰水中冷卻，再去皮。撒上抗壞血酸（維生素C）粉末，用保鮮膜包裹，固定顏色。

三浦久留米的蜜瓜夾層蛋糕

648日元（含稅）

販售期間　7月初起10天～2週期間

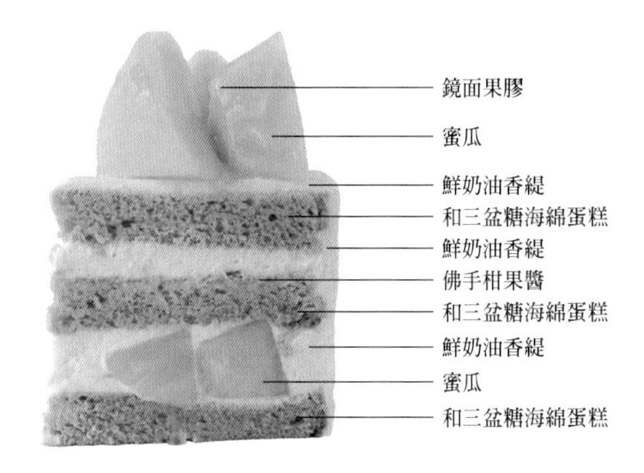

三浦久留米的
蜜瓜夾層蛋糕

"Premium Shortcake"是店中推出以和三盆糖和黑蜜為基礎，加入季節水果的夾層蛋糕。相較於普通的水果蛋糕，價格稍高一些，但受到顧客好評。和三盆糖和黑蜜的海綿蛋糕散發著芳香，口感濕潤。採訪時所用的水果是來自神奈川縣三浦的久留米蜜瓜。這款蜜瓜採露天種植，精心培育，具有濃郁的蜜瓜香氣和持久的餘韻。為了享受水果的口感，將蜜瓜切成1.5cm的厚片，並搭配稍微濃稠的鮮奶油香緹。另外，還添加了爽口的佛手柑果醬，畫龍點睛的增添了香氣。

和三盆糖海綿蛋糕

【材料】
15cm圓模2個

全蛋(黑川的新鮮雞蛋)…203g
蛋黃…19g
阿波和三盆糖…67g
細砂糖…67g
低筋麵粉(增田製粉「特寶笠」)…115g
牛奶…19g
無鹽奶油…19g
阿波的黑蜜…20g

【作法】

將全蛋和蛋黃放入攪拌碗中，用打蛋器打散，加入和三盆糖和細砂糖，再次混合。

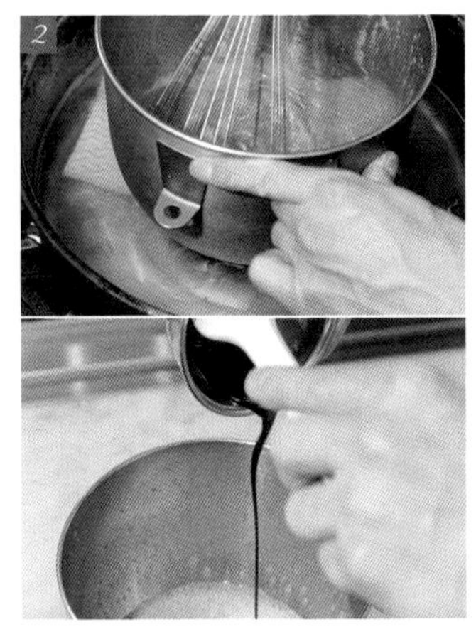

放入熱水中隔水加熱，同時攪拌使糖溶解，加熱至人體溫度左右。然後加入黑蜜。

POINT 如果蛋的溫度太低，蛋糊容易下沉，所以要加熱至人體溫度左右，以保持泡沫穩定。

將2的混合物放入攪拌器中，高速攪打3分鐘，中速攪打3分鐘，中低速攪打3分鐘，逐漸降低速度，直到將蛋糊打至體積膨脹細緻。

完成的判斷是，蛋糊滴下後可在表面留下痕跡，用打蛋器拉起時，蛋糊尖峰會輕輕地彎下來。在感覺完全打發之前停止。

將蛋糊倒入碗中，同時篩入低筋麵粉，用矽膠刮刀從底部翻拌均勻。

2

去除蛋糕體表層烤上色的部分，將蛋糕體橫切成3片（每片厚約1.7 cm）。

將第一片蛋糕體（底部）翻轉朝上，輕薄地塗上打發好的鮮奶油香緹，並排上1夾餡用的蜜瓜。用紙巾輕壓蜜瓜，去除多餘的水分，再塗上鮮奶油香緹填滿間隙。

POINT 考慮到水果本身含有水分，不需要再用糖漿保濕。

將第二片蛋糕體（中間）放在第一片上，塗抹佛手柑果醬，再疊上鮮奶油香緹。

將第三片蛋糕體（最上面）翻轉朝上放在第二片蛋糕體上。依序在側面和頂部塗抹打發好的鮮奶油香緹。

6

放入冰箱冷藏後，每個蛋糕切成6份。再放上1的裝飾用蜜瓜，塗抹上鏡面果膠。

2

在鍋中加入1、水、檸檬汁、甜菜糖和果膠，煮至沸騰。

3

使用手持攪拌器攪打至變成光滑的狀態。以小火加熱，直到出現黏稠度，並達到糖度 Brix 50。

鮮奶油香緹

材料作法請參考 P040「一宮窪田農園的桃子夾層蛋糕」

組合

【組成部分】

Petits gâteaux 12 個

和三盆糖海綿蛋糕15cm 丸型 2 台
鮮奶油香緹…約700g
佛手柑果醬…上述全量
久留米產的蜜瓜（夾層用）…1/4 個
久留米產的蜜瓜（裝飾用）…2/3 個
瑪拉斯奇諾櫻桃酒（Maraschino）…適量
鏡面果膠（Nappage neutre）…適量

【作法】

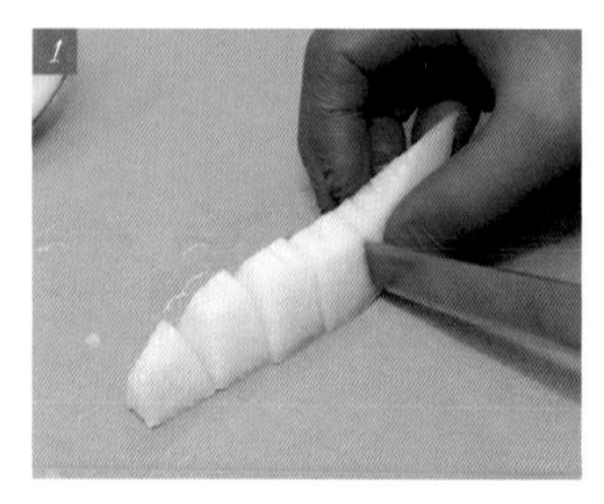

將蜜瓜去籽，分成12等份並去皮。將夾餡用的蜜瓜切成厚約1.5cm，撒上瑪拉斯奇諾櫻桃酒。裝飾用的蜜瓜切成稍大的一口大小。

加入預先加熱至40℃的奶油和牛奶，攪拌直至麵糊比重達到100ml 39g。

POINT 為了展現和三盆糖的濕潤口感，麵糊的比重比一般的略重。

倒入鋪了烘焙紙的烤模中，以上火160℃，下火140℃的烤箱烘烤約30分鐘。

取出脫模，撕掉烘焙紙在架上冷卻。

佛手柑果醬

【材料】 使用量

佛手柑 ※…166克
檸檬汁…66克
水…133克
甜菜糖（甜菜根糖）…106克
果膠…2克

※ 佛手柑（Buddha hand citrus）…一種柑橘類，果實的末端分岔形成類似千手觀音的手，因此得名。果肉很少，內部是白色的纖維，因此通常利用果皮來加工使用。

【作法】

1

將佛手柑的果皮切成小塊，與足夠的水一起放入鍋中加熱。煮至軟化，然後瀝乾水分。

韮山紅臉頰草莓 Premium Shortcake

756日元（含稅）

販售期間　聖誕節

和三盆糖海綿蛋糕

材料作法請參考 P043「一宮窪田農園的桃子夾層蛋糕」

草莓果醬

【材料】使用量

紅臉頰草莓(紅ほっぺ品種)…150g
甜菜糖(甜菜根糖)…76g
海藻糖(Trehalose)…13g
檸檬汁…8g
果膠…1.2g

【作法】

1
將草莓、甜菜糖和海藻糖放入鍋中，煮至沸騰。

2
使用手持攪拌器攪拌，直到變成光滑的狀態。

3
加入檸檬汁和果膠，繼續用小火煮，直到濃稠並達到糖度 Brix 50，然後離火，冷卻備用。

烤布蕾 Crème brûlée

【材料】
10cm圓模2個

35%鮮奶油…86g
蛋黃…16g
細砂糖…18g
香草醬(vanilla paste)…0.1g

【作法】

1
把所有材料放入碗中混合，每個10cm直徑的圓模中倒入60克的蛋奶液，在120℃的烤箱中烘烤10分鐘。

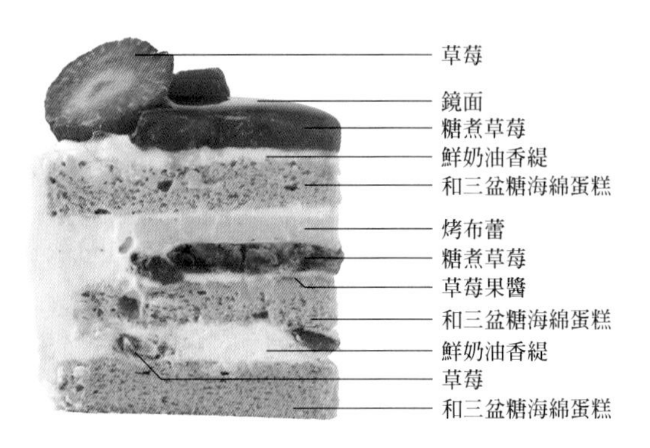

韮山紅臉頰草莓 Premium Shortcake

和三盆糖海綿蛋糕以經典組合方式，搭配鮮奶油香緹和靜岡縣韮山產紅臉頰(紅ほっぺ)品種的草莓果醬，展現了高級感。為了讓每一口都帶來不同的驚喜，不僅注重第一口的衝擊，而且考慮到第二口和第三口的美味體驗，讓品嚐者的每一口都感受到樂趣。此外，為了增添味道的豐富度，加入了卡士達的風味，但為了保持輕盈的口感，選擇了柔軟的烤布蕾(Crème brûlée)取代卡士達餡(Crème pâtissière)。

5

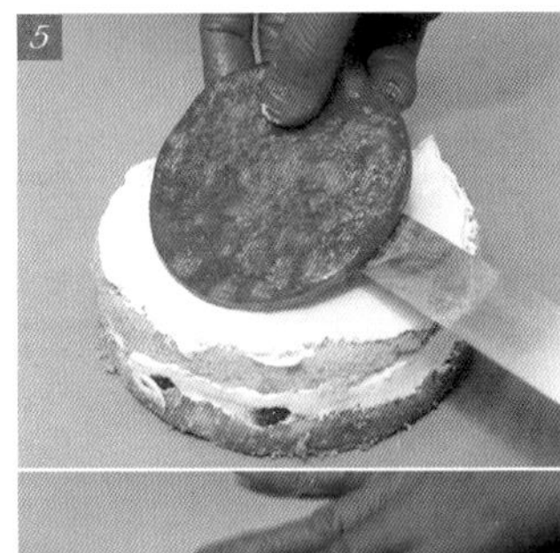

在中央放上一片糖煮草莓，用鮮奶油香緹填滿間隙，再放上烤布蕾，用鮮奶油香緹填滿間隙。

6

將第3片蛋糕體（即最上層的蛋糕體）上下顛倒，疊放在最上面。用打發至7分發的鮮奶油香緹，按照順序從側面到頂部均勻地塗抹。

7

將刷上鏡面果膠的糖煮草莓放在中央，冷藏後，每個蛋糕切成6塊。用切片的草莓裝飾，輕輕地在草莓表面上刷上一層薄薄的鏡面果膠。

組合

【組成部分】

Petits gâteaux 12個

和三盆糖海綿蛋糕
…直徑15cm圓模2個
草莓果醬…前述全量
鮮奶油香緹…前述全量
糖煮草莓…前述全量
烤布蕾…前述全量
草莓（夾層用紅ほっぺ品種）
…2L尺寸14個
草莓（裝飾用紅ほっぺ品種）
…2L尺寸12個
鏡面果膠（Nappage neutre）…適量

【作法】

1

蛋糕體表面烤上色的部分用刀子輕輕削去，將蛋糕體橫切成3片（每片厚約1.7cm）。

2

把第一片蛋糕體（底部的那片）反轉放置，薄薄地塗上草莓果醬，再用打至9分發的鮮奶油香緹以抹刀薄薄地塗抹開。

3

將切成1mm厚的草莓片排列在上面，並用鮮奶油香緹填滿間隙。

4

把第二片蛋糕體（中間的那片）放在上面，輕輕地刷上糖漿，再薄薄地塗上草莓果醬和鮮奶油香緹。

糖煮草莓 Compote fraise

【材料】

10cm圓模4個

紅臉頰草莓（紅ほっぺ品種）…333g
細砂糖 A…47g
細砂糖 B…30g
海藻糖（Trehalose）…17g
吉利丁…5.3g
果膠（pectin）…33g
水…26g
木槿花精萃（hibiscus aroma）…1g
濃縮覆盆子糖漿…0.3g

【作法】

1

把草莓和細砂糖A放入耐熱容器中，用微波爐（700W，約4分鐘）加熱，然後在室溫下靜置一天。

2

把1和細砂糖B、海藻糖、浸泡還原的吉利丁和果膠放入鍋中，煮沸。

3

將2冷卻至40℃，加入木槿花精萃和濃縮覆盆子糖漿，混合均勻。

4

把混合液倒入直徑10cm的圓模中，每個模具倒入100g，放入急速冷凍。

鮮奶油香緹

材料作法請參考P040「一宮窪田農園的桃子夾層蛋糕」

POINT 為了展現烤布蕾和果醬的口感和整體一致性，在夾入烤布蕾或果醬時，與夾著水蜜桃（P038）或蜜瓜（P042）等水果的草莓夾層蛋糕相比，需要更強烈（約打到9分發）地打發鮮奶油香緹。

ma biche

マ ビッシュ

（兵庫・芦屋）

owner chef

村田 博

1976年出生，畢業於專業學校後，在大阪的一家飯店工作，然後轉職至神戶的知名店家『Pâtisserie Mont Plus』擔任主廚長達約10年。隨後於2017年2月在芦屋開設了自己的店鋪『ma biche』。

正因爲是熟悉的蛋糕體才能在海綿蛋糕中展現想法

『ma biche』主廚村田博先生在發展各種多彩的糕點時表示：「雖然住宅區的店內沒有把夾層蛋糕放在特殊位置，但它絕對是店內不能缺少的商品。」夾層蛋糕是小朋友到年長顧客都喜愛的甜點，而日本的糕點師傅，對於『海綿蛋糕 pâte à génoise』的製作更是駕輕就熟。因此，它是一個能夠完全展現自己想法和堅持的蛋糕體，所以需要認真對待。『海綿蛋糕』的特點在於添加蛋黃和水飴，相對於蛋的比例，加入較多的砂糖，然後以3個階段的速度攪拌，形成非常細緻的蛋糕體。

在季節變化下，夾層蛋糕的水果可能會改變，而Gâteau Melon（蜜瓜蛋糕）是一款受歡迎的商品。由於蜜瓜的成本較高，無法使用頂級的蜜瓜，會先在店內儲藏到最佳熟度後再使用。不僅僅把新鮮的蜜瓜做成夾層，還使用法國產蜜瓜果泥煮沸4～5個小時再混入「卡士達醬 Crème pâtissière」，以展現蜜瓜特有的風味和果香。同時，添加砂糖調整提升蜜瓜汁的風味，再塗抹在海綿蛋糕上，清爽的口感完全來自蜜瓜本身。不僅僅是簡單地把水果夾在中間，更是經過精心計算而成的美味。

村田主廚表示，在開發新產品時，常常會和員工一起品嚐蛋糕，討論的過程往往能激發出許多創意。

照片裡蛋糕櫃的上層和下層中央，是散發著水果魅力的特色夾層蛋糕。約有20種小型蛋糕陳列，新品和季節限定的蛋糕推出時會在SNS公布。

使用季節水果 並依個別風味進行製作

像Gâteau Melon（蜜瓜蛋糕）一樣，Gâteau Orange（柳橙蛋糕）也使用橙皮、果肉和果汁加工，爲各部分添加柳橙的香氣。柑橘類水果除了甜味之外還帶有酸度，因此果肉經過糖煮處理可以提升與鮮奶油香緹的搭配性。村田主廚表示：「在將含有油脂的鮮奶油或海綿蛋糕與水果搭配時，我們會進行某種程度的加工以獲得融合感。」例如，草莓會搭配糖和利口酒，白桃則會利用利口酒醃漬或製作果醬，芒果會裹上芒果醬⋯等等。

而使用栗子的時候，單純加入栗子無法表現材料的魅力，因此要將鮮奶油添加栗子風味。唯一可以直接作爲餡料的是糖度較高的巨峰葡萄，這時要抑制鮮奶油的甜味。在夾入水果時，也非常注重保持適量的果汁，以免在分切蛋糕時影響結構穩定。村田主廚強調：「雖然我眞的希望能把水果釋放的全部果汁都加進去，但爲了不影響分切，只添加適量。」『ma biche』的目標是讓食客在品嘗時，能夠眞正感受到水果的魅力。

透過細緻的加工和調整，創造出卓越的風味。

透過一些特別的步驟 讓素材的魅力更加凸顯

店鋪位於距離JR芦屋站步行5分鐘的高級住宅區。除了小型蛋糕，烘焙點心的種類也很豐富，作爲禮品深受歡迎。

在草莓季節，他們推出的Gâteau fraise是一款盛滿草莓的夾層蛋糕。特色是用了與招牌相同，粉紅色的蛋白餅點綴。

Gâteau Melon

670日元（含稅）

販售期間　6～8月上旬

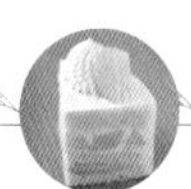

海綿蛋糕
pâte à génois

【材料】
12cm圓形6個

全蛋…410g
蛋黃…30g
細砂糖…300g
水飴…46g
低筋麵粉（日清 super violet）…270g
牛奶…54g
發酵奶油…45g

【配方的特色】

◎ 這款蛋糕體配方中蛋的比例較高，糖的比例也稍多。同時加入水飴，以形成較充足的氣泡。即使攪拌時間較長，麵糊也不會下沉。

【作法】

在攪拌碗中加入全蛋和蛋黃，接著加入細砂糖和水飴，立即用打蛋器混合。

將1下墊熱水，不斷攪拌，加熱至45℃。

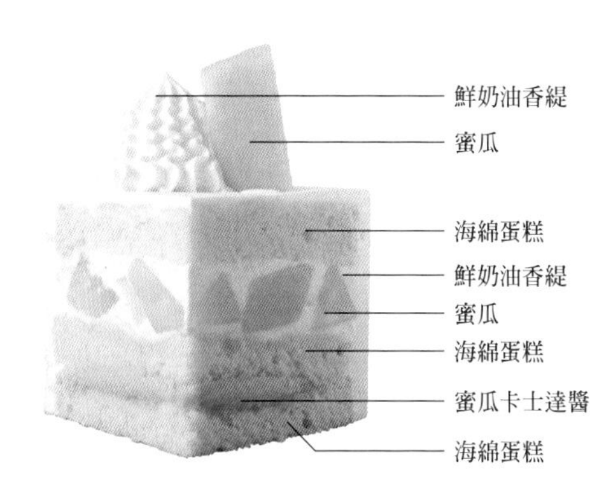

Gâteau Melon

自開業初期就提供新鮮的季節性蜜瓜產品。蜜瓜大多在店內放置成熟，不一定會在櫥窗陳列，而是會根據熟成情況製作，並透過 SNS 公布。由於新鮮蜜瓜隨著時間，可能會帶有青澀的味道，因此在製作蜜瓜糖漿時，會添加砂糖等調味。而製作夾層蛋糕的關鍵步驟就是對麵糊進行長時間充分的打發，以及特別重要的是蜜瓜口味夾層蛋糕內的卡士達醬。透過添加新鮮蜜瓜帶有的獨特風味，賦予夾層蛋糕更豐富的口感和滿足感。

接受預約，裝飾有蛋白餅的華麗夾層蛋糕。直徑約12cm，3240日圓（含稅）

鮮奶油香緹

【材料】 方便製作的分量

42%鮮奶油（OMU pure cream）
…1000g
細砂糖…80g
香草精萃（vanilla essence）…少量

【配方的特色】

◎ 為了凸顯蛋糕體和水果的風味，糖的配比限制在鮮奶油的8%。

【作法】

1
在攪拌碗中放入鮮奶油，加入砂糖打發。加入香草精萃混合均勻。

蜜瓜卡士達醬 melon crème pâtissière

【材料】 方便製作的分量

卡士達醬 ※1…30g
蜜瓜果泥 ※2…8g
鮮奶油香緹（上述全量）…8g

【作法】

在碗中將卡士達醬和蜜瓜果泥混合，用矽膠刮刀均勻混合，然後加入已經打發的鮮奶油香緹攪拌至均勻。

在碗中加入牛奶和奶油，下墊熱水加熱以融化奶油。將5的部分蛋糊加入用打蛋器混合，然後倒回5的大鋼盆中，換成矽膠刮刀充分混合。

POINT 充分攪拌讓麵糊狀態均勻緊實。

將麵糊倒入鋪了烘焙紙的模具中，在工作檯上輕輕敲以排除多餘的大氣泡，在170℃的烤箱中烘烤45分鐘。在網架上倒扣脫模撕掉烘焙紙，放涼冷藏，在隔天使用。

將2倒入攪拌機中。從高速開始攪打，攪打後半時期切換至中速。

POINT 在溫度降低之前，以高速快速攪拌，將空氣打入蛋糊內。

攪拌約30至40分鐘，使其膨脹至照片中的狀態。

將4移到大鋼盆中，分2次篩入低筋麵粉，用打蛋器混合。

POINT 請務必在最後一刻篩入麵粉，以保持氣泡。如果將粉篩好後長時間放置，麵粉自身的重量會產生結塊，因此要小心。由於蛋糊攪拌的時間較長，可以用打蛋器充分混入麵粉。

組合

【組成部分】

Petits gâteaux 12個

海綿蛋糕12cm圓模×1.5cm厚3片
蛋瓜糖漿…適量
鮮奶油香緹…180g
蜜瓜卡士達醬…46g
蜜瓜…適量
覆盆子蛋白餅…適量
杏仁片…適量

【作法】

把海綿蛋糕切成1.5cm厚的三片，切去烤至上色的表面。

用刷毛在表面刷上糖漿。

POINT 考慮味道的平衡，不要在整面大量刷上糖漿，而是點綴式地刷。

※2 蜜瓜果泥
【材料】方便製作的分量
蜜瓜果泥（Boiron）…1000g

【作法】
1. 將蜜瓜果泥放入碗中，隔水加熱煮至體積減少1/3。為了避免邊緣燒焦，請調整果泥的位置，使其上部位於隔水加熱鍋的邊緣以下。

POINT 由於煮至濃縮1/3需要約4小時的時間，建議一次完成大量，然後冷凍保存備用。

蜜瓜糖漿

【材料】

蜜瓜汁…適量
細砂糖…適量

【作法】

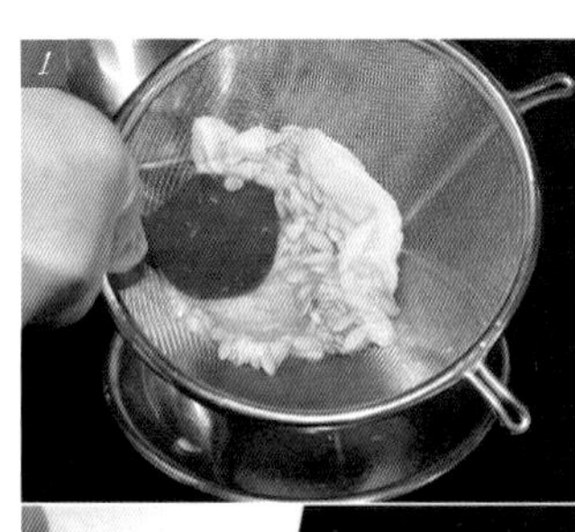

將蜜瓜切開，挖除種籽與產生的果汁一起過濾。嚐一下蜜瓜汁的味道，然後加入細砂糖混合。

POINT 隨著時間的推移，蜜瓜汁會產生一些青澀味，因此需要添加一些甜味來平衡。

※1 卡士達醬 Crème pâtissière
【材料】方便製作的分量
牛奶…500g
發酵奶油…25g
蛋黃…150g
細砂糖…100g
中筋麵粉…50g
香草醬（Vanilla paste）…5g
香草精萃（Vanilla essence）…適量

【作法】
1. 在碗中放入蛋黃，加入部分細砂糖，用打蛋器攪拌均勻。保留一些細砂糖。
2. 一口氣加入中筋麵粉，用打蛋器均勻攪拌，直至沒有粉粒感。
3. 鍋中放入牛奶，加入保留的細砂糖和香草醬，用中火加熱至完全沸騰。

POINT 為了縮短煮沸時間，牛奶需要提前先加熱至高溫。

4. 將3與2混合。
5. 倒回3的鍋中，用大火繼續煮沸，同時用打蛋器攪拌。

POINT 如果煮沸時間太長，牛奶中的水分會蒸發，使成品變得糊狀，影響口感。即使煮沸後，也要用打蛋器繼續攪拌約1分鐘。

6. 熄火，加入切成小塊的冰冷奶油和香草精萃，再次加熱，同時用打蛋器充分攪拌使其融入。
7. 在金屬托盤上均勻鋪開並用保鮮膜緊貼表面覆蓋。快速冷凍，然後移至冷藏庫保存。

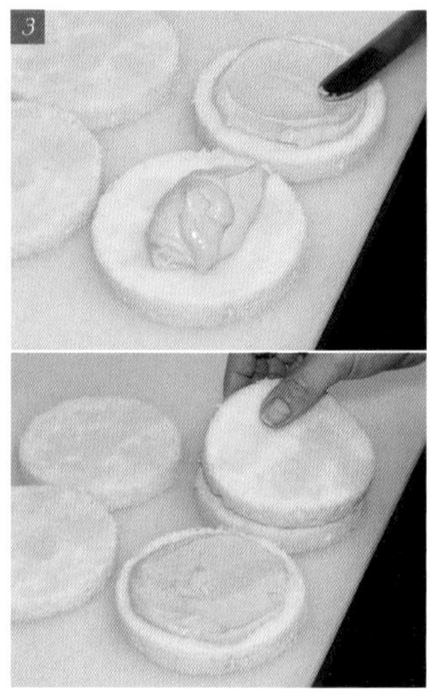

在2的表面用小抹刀抹上蜜瓜卡士達醬。將第二片蛋糕疊在上方。

POINT 蜜瓜卡士達醬不像鮮奶油香緹那樣在冷藏時保持形狀，所以不要抹到邊緣，以防止形狀變形。

把硬挺的鮮奶油香緹抹在蛋糕上，然後將切成一口大小的蜜瓜鋪在上面，高度約爲1.5cm。然後用小抹刀在上面抹上鮮奶油香緹。

把第三片蛋糕疊在上方，用抹刀在上面抹上鮮奶油香緹。

POINT 用於裝飾的鮮奶油香緹，需要打發得硬一點，把蛋糕的側面抹得薄一些，整理形狀。然後上方再抹上較軟的鮮奶油香緹。

把蛋糕切成4份，用擠花袋搭配菊花嘴（18號）以及刷塗了鏡面果膠的蜜瓜塊裝飾。整顆的蛋糕可再放上覆盆子蛋白餅和杏仁片。

Gâteau Orange
參考商品

以攪拌槳混合，當杏仁膏均勻且變得細緻時，逐漸加入蛋黃以中低速混合。加入全蛋，不時用矽膠刮刀刮下鋼盆壁上的杏仁膏混合。

增加攪拌機的速度，打發至杏仁蛋糊顏色變淺。

POINT 蛋黃和全蛋可以一起加入。當杏仁蛋糊變得有光澤且穩定，增加攪拌速度。不加熱是爲了避免打入過多氣泡。目標是刷塗糖漿後濕潤、鬆軟、清爽口感的蛋糕體。

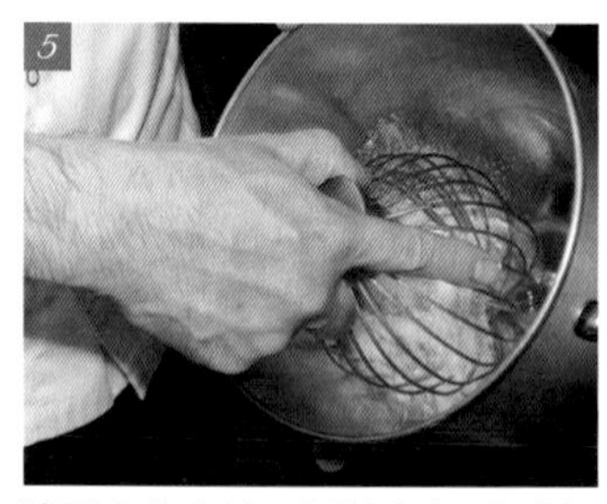

將蛋白放入另一個鋼盆中，在進行打發之前，用打蛋器將細砂糖與蛋白混合均勻。

POINT 蛋白最好不要太新鮮，因爲要使用較少的糖，所以最好將蛋白完全冷卻，這樣可以增加穩定性。

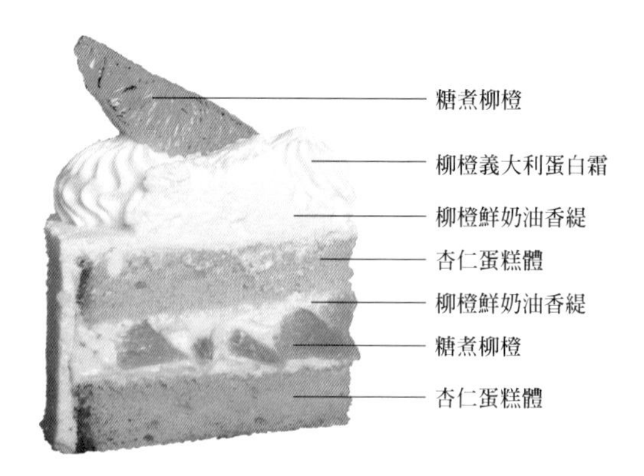

Gâteau Orange

這是過去以特別訂製方式製作的法式夾層蛋糕。基於以杏仁蛋糕體和義大利蛋白霜組合而成的柳橙爲主體，經過改良，將卡士達醬替換爲鮮奶油香緹。柳橙的苦味香氣轉化爲糖漿，並製成糖煮柳橙。整個甜點的每個部分都使用了柳橙，柳橙果肉經過簡單處理，以減輕柑橘水果特有的酸味，同時與鮮奶油香緹的結合更爲和諧。糖煮柳橙的糖漿含水量適中，能夠緩慢地滲透到蛋糕體內。輕盈的蛋糕體和蛋白霜的甜度，以及柳橙的香氣，是這款甜點最獨特的印象。

【作法】

在鍋中放入奶油並融化，加熱至60℃以上。

讓杏仁膏回復室溫後，用手輕輕揉捏，使其變得柔軟，然後撕成小塊，放入攪拌機的鋼盆中。加入磨碎的橙皮和糖粉。

杏仁蛋糕體
Biscuit amande

【材料】

15cm圓形2個

- 無鹽奶油…40g
- 杏仁膏（pâte d'amande）…115g
- 柳橙皮（刨碎）…1/2個
- 糖粉…120g
- 蛋黃…105g
- 全蛋…55g
- 蛋白…120g
- 細砂糖…20g
- 低筋麵粉（日清 Super Violet）…33g
- 玉米澱粉…65g

【配方的特色】

◎ 添加杏仁膏（pâte d'amande），讓空氣充分融入，打造柔軟的口感。
◎ 加入玉米澱粉使蛋糕體入口即溶。

裝上球狀攪拌器，使用高速攪打。

POINT 想像成含有氣泡、泡沫豐富的洗面泡泡一樣，追求有力量的、稍帶脆脆口感的蛋白霜。將少量的糖與蛋白完全混合，使其成爲膨脹的蛋白霜。攪打至接近分離前的狀態，然後再充分混合，以增加穩定性。

把6移入另一個碗中，先取一半與4用矽膠刮刀混合。

分3次加入預先過篩的低筋麵粉和玉米澱粉，用矽膠刮刀混合。

把剩餘的蛋白霜加入，混合至約9成均勻。

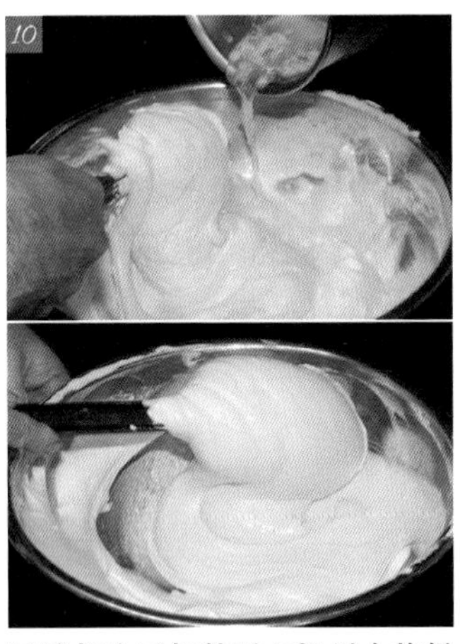

同時加入已加熱至60℃以上的奶油，並用矽膠刮刀混合。

POINT 結實的麵糊和豐富氣泡，經得起混合，烘焙時也不易癱軟。

把麵糊倒入底部與側邊鋪上烘焙紙的模具中。

放入烤箱，以175℃烘焙50分鐘。

POINT 烘焙時讓水分完全揮發，因爲蛋糕體會刷糖漿，所以要烤到完全熟透。在冷藏庫休息一天以上，可以將杏仁膏的風味充分發揮。

柳橙鮮奶油香緹

【材料】 方便製作的分量

鮮奶油香緹（參考 P.052）…500g
柳橙皮（刨碎）…1/2個
細砂糖…適量

【作法】

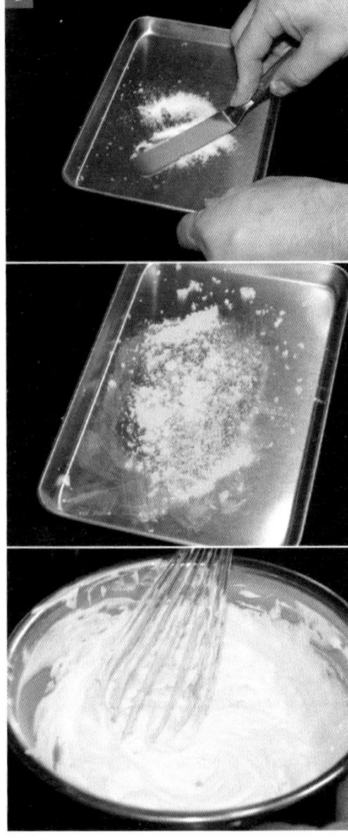

將磨碎的橙皮與砂糖一起磨擦，將香氣移入砂糖中後，再與鮮奶油香緹混合。

柳橙糖漿

【材料】使用量

柳橙果醬（marmalade）※1…100g
柳橙汁（Baumé糖度25）…50g
柑曼怡香橙干邑（Grand Marnier）…8g

【作法】

1
將柳橙果醬和柳橙汁放入碗中混合，再用柑曼怡香橙干邑調味。

POINT 使用柳橙果醬的目的是為了增添一些柳橙皮的苦味。如果只使用柳橙汁，味道會變得太單一，因此需要加入糖分來平衡。

※1 柳橙果醬（marmalade）
【材料】方便製作的分量
柳橙…5個
細砂糖…（柳橙果肉＋果汁）的半量
【作法】
1. 將柳橙皮剝下，將果囊中的果瓣以刀切開取出，擠出果囊裡的果汁保留備用。
2. 去掉皮的白色中果皮部分，然後經過3次煮沸再瀝乾，以去除苦澀味。將橙皮放入鍋中，加入適量的水，用小火煮至橙皮變軟，然後瀝去水分。
3. 將步驟2中處理好的橙皮與1的果肉、以及總量一半的糖，放入攪拌機中打成泥狀。
4. 煮至糖度達到Baumé糖度25（使用糖度計測量）。

組合

【組成部分】
15cm圓形多層蛋糕1個

杏仁蛋糕體…15cm圓形1個
柳橙糖漿…40ml
柳橙鮮奶油香緹…200g
糖煮柳橙…2顆
柳橙義大利蛋白霜…120g
糖煮柳橙皮…適量

2

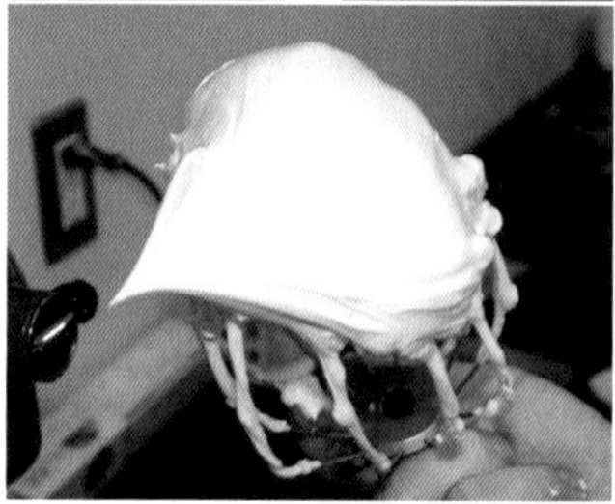

將蛋白放入攪拌器的鋼盆中攪打。當蛋白霜變白且接近分離前的狀態時，慢慢加入1糖漿的1/3量，並以高速攪打。在溫度不降低的情況下，加入剩餘的部分，之後降低速度將蛋白霜打至均勻混合。

POINT 若氣泡大小不一且過多，會讓塗抹變得困難，所以需要在較溫暖的狀態下調整義大利蛋白霜的組織。可在攪拌過程中，將容器用保鮮膜覆蓋保溫。

3

將柳橙皮刨碎與砂糖混合，在步驟2時加入攪拌均勻。

糖煮柳橙 compote orange

【材料】方便製作的分量

水…500g
細砂糖…500g
柳橙…3～4顆

【作法】

1

在鍋中放入水和砂糖，煮沸後離火，然後放入柳橙（片）。讓其冷卻後，浸泡一整晚。

POINT 浸泡柳橙片一整晚，可以讓鮮奶油與柳橙片的味道更平衡。

柳橙義大利蛋白霜 Italian meringue orange

【材料】方便製作的分量

蛋白…100g
細砂糖…165g
水…55g
柳橙皮…1/2個
細砂糖…適量

【作法】

1

鍋中放入水和砂糖，煮沸並加熱至117℃。

【作法】

把杏仁海綿蛋糕切成2cm厚的2片，切除表面烤上色的部分。

在第一片蛋糕表面用刷子輕刷上柳橙糖漿。再用已充分打發的柳橙鮮奶油香緹在蛋糕上抹勻。

POINT 根據蛋糕厚度的1/3量輕刷上糖漿，計算時間讓糖漿充分滲入。

將糖煮柳橙多餘的汁液在使用前一刻以廚房紙巾吸除，然後大量地放在第二層蛋糕上。

用柳橙鮮奶油香緹填補糖煮柳橙之間的空隙，再放上第二片蛋糕。

用刮刀薄薄地在整個蛋糕表面，塗抹上柳橙鮮奶油香緹，放入冰箱冷卻使其定型。

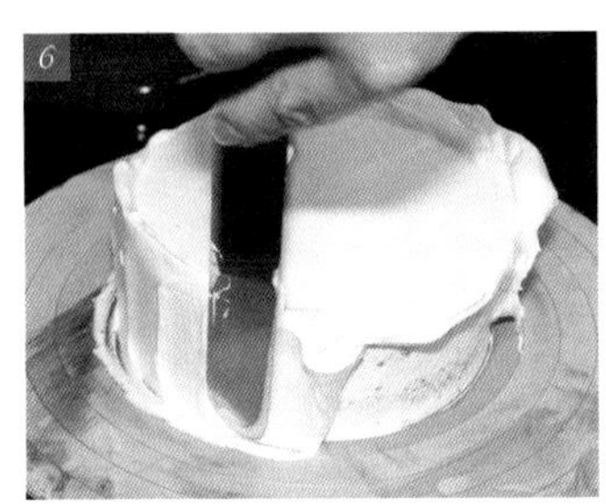

把裝在擠花袋中的柳橙義大利蛋白霜擠在步驟5定型的蛋糕上，用刮刀均勻地塗抹整個表面。

在蛋糕的頂面以柳橙義大利蛋白霜擠花，表面和側面篩上糖粉，稍微等待一會兒再篩上一層糖粉。然後迅速放入預熱至230℃的上火烤箱約1分鐘，取出後冷藏。

POINT 篩上糖粉是為了讓表面結晶，使口感酥脆。進入烤箱的時間不要太長，注意柳橙義大利蛋白霜表面變乾後及時取出。

用擠花袋擠上柳橙鮮奶油香緹，保持1：1的平衡比例。

用噴槍燒糖煮柳橙的表面，再用刷子塗上柳橙糖漿，與糖煮柳橙皮一起裝飾在蛋糕上。

Pâtisserie
LA VIE DOUCE
パティスリー　ラ・ヴィ・ドゥース
（東京・新宿区）

owner chef
堀江 新

生於1967年。在大阪的辻調理師學校畢業後，曾於「葉山フランス茶屋」、「銀座和光ルショワ」工作學習，1992年前往歐洲。在法國的「Valrhona」、比利時的「ダム」、盧森堡的「Pâtisserie Oberweis」等地累積經驗後回國，在東京銀座的「Wako Annex Tea Salon」工作，之後獨立於2001年開設了「LA VIE DOUCE」。2011年在橫濱開設了分店。他在第6屆 La Coupe du Monde de la Pâtisserie（世界盃甜點大賽）的冰雕項目中獲得優勝，擁有多項獎項。

在蓬鬆輕盈之中
融合了檸檬的酸爽口感

「沒有糕點像草莓夾層蛋糕一樣，受到顧客無法取代的喜愛。」『LA VIE DOUCE』主廚堀江新先生說。堀江主廚在世界級的比賽中獲得多項獎項，然而，若談到地區型態的糕點店，無論在日本的任何地方，草莓夾層蛋糕和泡芙這2種美味，都能顯示出店家的技藝。

堀江主廚所追求的草莓夾層蛋糕，在長時間的經驗中，風味稍有變化，但一直努力把握顧客當下的喜好。例如，基本款草莓夾層蛋糕「Fraisier」的特點是清爽而不膩。

「現代人偏愛清爽的口味，所以我們注重的是清新爽口的風味，而不是濃厚度。」

從海綿蛋糕到卡士達醬（crème pâtissière），每一個配方都講究口感的輕盈，在它們之間連接的是甜蜜的糖漿，加入了檸檬，不僅僅帶來酸味，更爲整體增添清新的印象。

這樣的時代性也反映在製作過程中。爲了提高工作效率，烤模使用無底的環形模，並放入慕斯模中進行組裝等，設計出每個步驟即使經驗較淺的員工，也能在一定水準上完成。這些努力成就了「不論何時來，都能保證美味」穩定的糕點產品。

工作結束後，他喜歡與愛犬共度輕鬆的時光。在這種放空的狀態下，經常能獲得靈感。特別受歡迎的產品之一，是出自他所發想，模仿毛茸茸腳掌溢出肉球形狀的餅乾。

店內營造出輕鬆的自然氛圍，明亮的環境下，不僅有女性客人和家庭造訪，男性客人也能獨自前來。店內後方設有內用空間，讓顧客可以享受季節蛋糕或刨冰等。

藉由將海綿蛋糕加工成酥脆的小方丁，加上容器的設計，實現了差異化

經典的草莓風格＋展現季節水果的炫麗拼盤

『LA VIE DOUCE』不僅提供經典的「Fraisier」，還將季節水果製成以蛋糕杯爲基底的「Shortcake」產品。這款蛋糕使用海綿蛋糕、鮮奶油香緹和水果進行層疊，如同冰淇淋杯一般。海綿蛋糕被切成小立方體，均勻地灑上奶油，再次烘烤並加工成像麵包丁（croutons）一樣的酥脆。選取食材，以當季的水蜜桃搭配香草味的鮮奶油香緹，當使用美國櫻桃時，則會將鮮奶油香緹改爲開心果風味等，細心地調整出與水果相襯的美味。

這裡還介紹了在歐洲，與日本草莓夾層蛋糕一樣受歡迎，以海綿蛋糕和奶油組成的「Forêt Noire黑森林蛋糕」。以巧克力海綿蛋糕和巧克力慕斯爲主，注重輕盈感，並添加了開心果風味的鮮奶油香緹，帶來堅果的香氣，讓蛋糕呈現多樣化。

這些創意都源自堀江新主廚多年的經驗累積。傳統的夾層蛋糕（Shortcake）固然受歡迎，但全新的創作很少。正因爲他看過、聽過和親手製作過無數的蛋糕，身體自然而然地行動，將味道提升至受歡迎的平衡點，引導並滿足顧客需求的口味。

店內主要提供約10種經典蛋糕，並加入約10～15種季節限定蛋糕，構成了豐富多樣的商品組合。

秉持分享幸福的理念，也推出各式各樣尺寸的夾層蛋糕。除了12cm和15cm之外，還有9cm的「迷你夾層蛋糕」。

Fraisier

475日元（含稅）

販售期間　整年

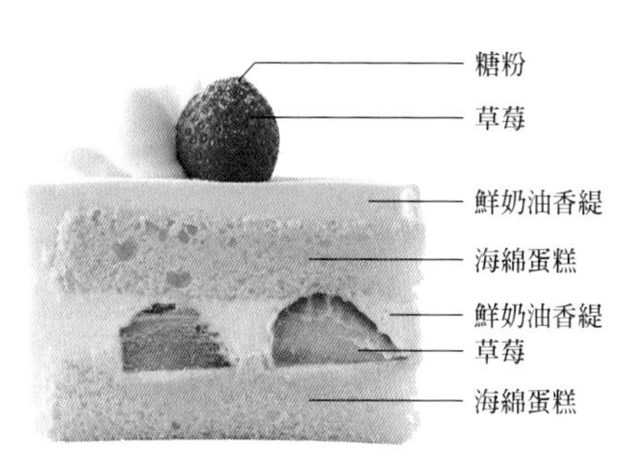

Fraisier

這款草莓蛋糕追求輕盈清爽的口感，無論在任何場合、任何人品嚐都能感受到美味。底部的蛋糕體使用加入澱粉的麵粉，以抑制麵團中的麵筋，使蛋糕體不會過於緊實。這樣的處理讓蛋糕更有彈性且柔軟，鮮奶油層更容易滲透。而這層鮮奶油添加了檸檬的酸味作爲點綴，酸味使整體印象更加清新。至於鮮奶油層，爲了使味道清爽，挑選風味、香氣和奶味不過度濃厚的鮮奶油。最終，草莓的味道最爲重要，因此整年都會挑選甜度和酸味平衡的草莓來使用。

海綿蛋糕

【材料】容易製作的份量
※18cm環形模1個使用330g

低筋麵粉（Nippon MONTRE）…120g
玉米澱粉…20g
全蛋（奥久慈卵）…240g
細砂糖（和田製糖細粒）…180g
奶油（Pantheon M）…40g
牛奶…126g

【配方的特色】

◎ 在這裡使用Nippon的低筋麵粉，因爲這種麵粉烘烤時的收縮較少。
◎ 加入玉米澱粉，以抑制麵團中的麵筋，使蛋糕體更加柔軟，糖漿更容易滲透。

【作法】

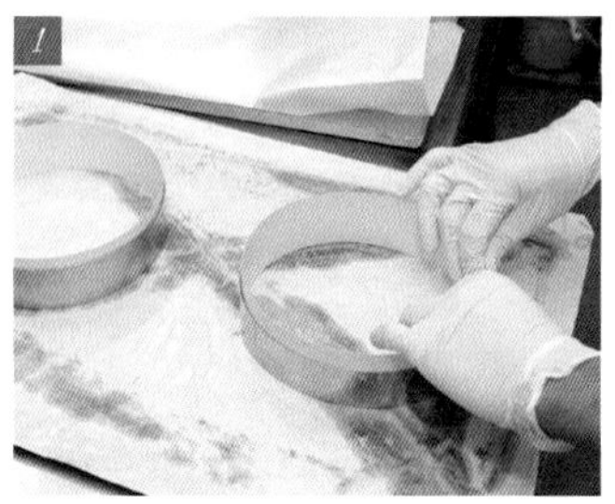

1 在烤盤上鋪烘焙紙，然後放上無底的環形模，並沿著內側的側面緊密貼上厚紙。

POINT 使用無底的環形模，以便順利進行下一步作業。

2 將低筋麵粉和玉米澱粉預先混合過篩，備用。

3 在碗中放入全蛋，用打蛋器打散，分3次加入細砂糖，充分攪拌混合。

4 把3放入熱水隔水加熱，同時用打蛋器攪拌，直到溫度達約50℃左右。

POINT 爲了溶解糖而充分加熱。

5 將4移至鋼盆中高速攪打。攪拌約8分鐘直到氣泡充分形成，轉爲中速攪拌6分鐘，使氣泡變得更細緻。最後轉爲低速攪拌6分鐘，使氣泡均勻，然後停止攪拌。

POINT 氣泡越細緻，麵粉越容易充分融入，麵糊也會更加順滑。透過高、中和低速3個階段調整氣泡大小。根據使用的攪拌機和麵糊的量，攪拌時間可能有所不同。這裡使用高速8分鐘，中速6分鐘，低速6分鐘。

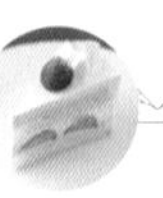

鮮奶油香緹

【材料】方便製作的分量

35%鮮奶油（タカナシ乳業 Crème Douce）…500ml
45%鮮奶油（森永乳業 Fresh Heavy）…500ml
顆粒糖（Frost Sugar）…80g

【配方的特色】

◎ 現代人喜愛輕盈的口味。因此使用味道清爽且穩定、高乳脂含量的鮮奶油，並混合無乳腥味且具白色特色的森永鮮奶油，打造既清爽又有深厚滋味的香緹。

【作法】

1

把2種鮮奶油放入攪拌碗中，加入顆粒糖，用攪拌機打發。最後手動調整，約打發6分鐘。

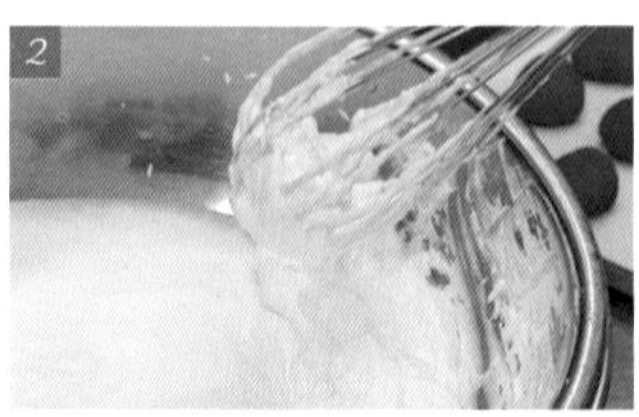

2 把1倒入碗中，下墊冰水，用網狀攪拌器打發。

POINT 夾層的鮮奶油香緹要打發得較硬，而表面的則較柔軟，所以要在攪拌碗靠近自己的一邊打發。

檸檬糖漿

【材料】使用量

糖漿（Baumé糖度30）…44g
水…44g
檸檬汁…20g

9 放入上火205℃，下火195℃預熱完成的烤箱烘烤。

10 烘烤完成後從烤箱取出。完成的判斷是蛋糕體稍微出現內縮離模的狀態。將環形模倒置放在鋪有烘焙紙的網架上，冷卻至室溫。

POINT 使用無底的環形模，無需從每個模具中取出蛋糕體。

11

冷卻至室溫後取下環形模，並進行快速冷凍。

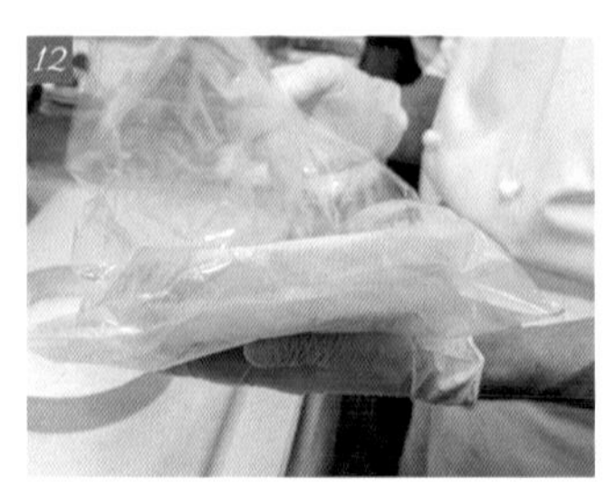

12 冷凍約40分鐘後取出，拿掉厚紙，將烘烤上色的表面切掉。然後將烤好的蛋糕體橫向切成二半，每份蛋糕體一起包好並冷凍保存。在烘焙完成後的2～3天內使用完畢。

6 逐漸將2中的粉倒入，同時用矽膠刮刀由下往上翻拌混合。

POINT 需要逐漸加入粉類，最好由二人一起進行。如果一次加入太多，容易產生結塊，要迅速地混合。

7 將奶油和牛奶混合後放入微波爐中加熱至沸騰，然後倒入6中迅速攪拌混合。

8 麵糊倒入1的環形模。每個約330克。

POINT ▷油脂加入後，氣泡會消失，因此在倒入模具時，很難一次倒入足量的麵糊，請分次倒入，以確保每個圈模的麵糊量均勻一致。
▷碗底的麵糊已經沒有氣泡，倒入後要用手指輕輕與周圍的麵糊融合，以免不均勻。

把鮮奶油香緹放在表面，用刮刀均勻地塗抹到模型的邊緣。

POINT 將抹刀沿著塑膠片移動，可以使表面平坦。

取下環形模，將蛋糕移至轉盤上，然後撕除塑膠片。

把鮮奶油香緹裝入擠花袋，在蛋糕的側面擠出，用刮刀將側面抹平。

11

使用等分器在蛋糕上劃出10等份，然後用刀分切。

12

在頂部擠出鮮奶油香緹，放上裝飾用的草莓，篩上糖粉。

打發鮮奶油香緹，用矽膠刮刀均勻地塗抹在蛋糕體上。

POINT 用於夾層的鮮奶油香緹應該打發得較硬，以確保形狀穩定。

在4的上方放置夾層用的草莓，並從外排列到內，將草莓包裹在中間。

POINT 爲了方便之後的分切，圓心部分應保留一些空白。

將鮮奶油香緹塗抹在草莓上，完全包裹覆蓋。

將另一片蛋糕體疊放在上面，輕壓，然後在表面塗抹剩餘的檸檬糖漿（20克）。

【作法】

1

將所有材料放入大碗中充分混和均勻。

組合

【組成部分】

petits gâteaux 10個

草莓（L尺寸夾層用）…194g
海綿蛋糕…18cm圓形1個
檸檬糖漿…60g
鮮奶油香緹…280g
草莓（S尺寸裝飾用）…60g
糖粉…10g

【作法】

1

將用於夾層的草莓去蒂，縱向切半。

在烤盤上鋪烘焙紙，放置一個環形模，並在模型的內側貼上一層塑膠片，再放置剖半的蛋糕體。

POINT 在環形模內組裝可以確保操作穩定，即使是經驗較淺的員工也能保持成品的一致性。

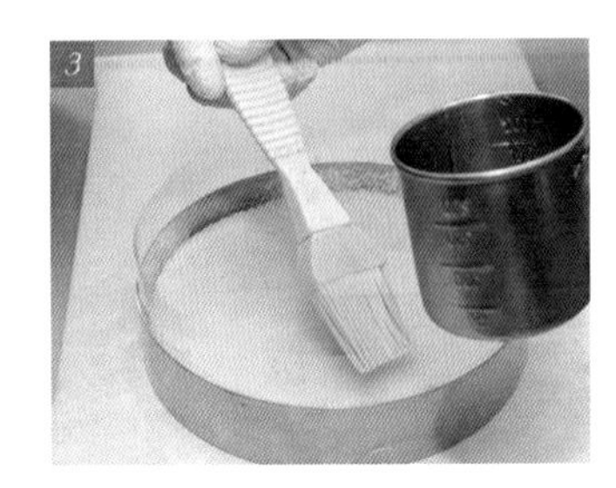

使用刷子將2塗抹檸檬糖漿（40g）。

桃子的多層蛋糕杯

540日元(含稅)
販售期間　6月

蛋糕丁

【材料】
40×60烤盤1個

海綿蛋糕（參考P063「Fraisier」，各材料4倍用量）…1190g
發酵奶油…適量

【作法】

1
製作海綿蛋糕麵糊（參照P063「Fraisier」製作步驟1～7）。

2
在鋪有烘焙紙的烤盤倒入1的麵糊約1190克，使表面平整，放入預熱至190℃的烤箱，烘烤20～30分鐘。

待烤好後脫模，四周撕開烘焙紙放在網架上使其自然冷卻降溫。

以10cm寬切成容易處理的大小，將烤上色的部分切掉。然後切成1.5cm的小方塊，排列在烤盤上。

POINT 考慮到與鮮奶油香緹夾層和水果的平衡，需裁成約1.5cm大小。

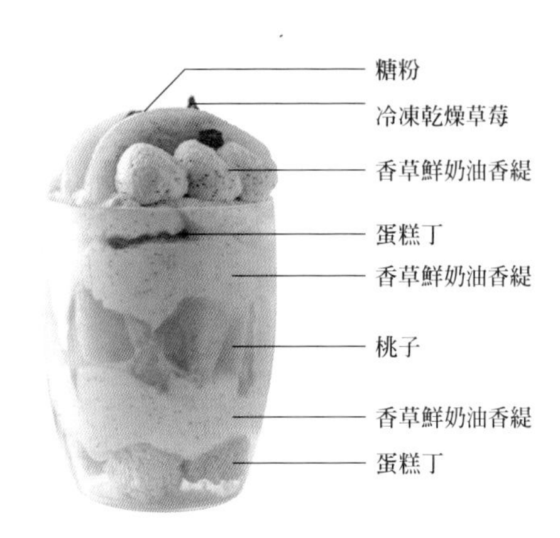

桃子的多層蛋糕杯

經過烘烤的海綿蛋糕切成小塊後，刷上奶油，再次烘烤成酥脆的蛋糕丁。表面被烘烤至脆口，但內部仍保留濕潤感，並考慮與鮮奶油香緹夾層及水果的融合性。以這些脆蛋糕丁作爲基底，疊加起來製成類似冰淇淋杯的小夾層蛋糕。因爲不需要一層層塗抹鮮奶油香緹，製作的過程更加容易也方便調節數量。此外，透過更換水果種類，可以擴展多種變化，增減商品數量。除了桃子外，還有香甜的梨子、蜜瓜或美國櫻桃等季節水果。對於散發著季節香氣的桃子，我們會加入香草醬來調配鮮奶油香緹，使其香味更加濃郁。

3

把一半的桃子切成稍大一些的塊狀放在蛋糕丁上，擠上香草鮮奶油香緹，然後再放上剩餘的蛋糕丁。

4

再擠上一些香草鮮奶油香緹，並在上面排列桃子片，在桃子的表面刷上鏡面果膠。

5

最後用冷凍乾燥草莓裝飾即可。

組合

【組成部分】
杯子1個

桃子…1/2個
酸味料…適量
蛋糕丁…11～12個
香草鮮奶油香緹…100g
鏡面果膠（Nappage neutre）
…適量
冷凍乾燥草莓（Sosa" Wet Proof"）※1
…適量

※1將草莓切成小塊後經冷凍乾燥處理，用可可脂包覆而成。

【作法】

1

將桃子去皮，切成半月片狀，浸泡在酸味料中避免變色，然後放在吸水紙巾上除去多餘水分。

2

將5～6個蛋糕丁放入杯子中，擠上香草鮮奶油香緹。

5

用刷子均勻地刷上融化的發酵奶油。

POINT 奶油最好在熱的情況下刷塗，這樣能更好地滲入蛋糕丁內。

6

放入預熱至160℃的烤箱中，烘烤約10分鐘，使表面變得酥脆。

POINT 根據烤箱的狀態，如果表面烘烤得不夠，可以翻動蛋糕丁，將溫度降至約150℃，再烘烤約5分鐘，使其更加酥脆。

香草鮮奶油香緹

【材料】

鮮奶油香緹（參考P064）…100g
香草籽醬（Vanilla bean paste）…3g

【作法】

1

將打發至約6～7分發的鮮奶油香緹混入香草籽醬。

POINT 因為是採用杯子來組裝，所以鮮奶油香緹可以打發得略軟一些。

Fôret noire

540日元(含稅)
販售期間　整年

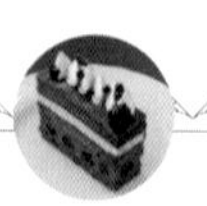

巧克力海綿蛋糕

【材料】

60×40cm烤盤3片

全蛋（奧久慈卵）…900g
細砂糖（和田製糖細粒）…675g
低筋麵粉（Nippon MONTRE）…400g
玉米澱粉…175g
可可粉…75g
奶油（Pantheon M）…150g
牛奶…100g

【作法】

參考P063「Fraisier」，在步驟[2]階段，將低筋麵粉、玉米澱粉與可可粉混合過篩。在步驟[8]，使用烤盤作為烤模，每片烤盤倒入790g麵糊。在步驟[9]，以220℃的對流烤箱烘烤7分鐘，然後左右對調再烤1分鐘。

香草糖漿

【材料】 方便製作的分量

糖漿（Baumé糖度30）…250g
香草精萃（Vanille EX）…5g
水…250g

【作法】

1

所有材料放入大碗充分混和均勻。

巧克力奶餡 crème au chocolat

【材料】 方便製作的分量

卡士達醬（Crème pâtissière）…392g
58%巧克力（Kaoka / Ambroya 多米尼加）…784g
35%鮮奶油（crème fraîche）…1176g

Fôret noire

在歐洲，「Fôret noire黑森林蛋糕」是一款與日本的草莓夾心蛋糕相似，受到歡迎的巧克力櫻桃夾心蛋糕。儘管製作方法因國家而略有不同，但在「LA VIE DOUCE」店裡，夾層的巧克力奶餡，以比利時風格製成，混合了巧克力和卡士達醬，呈現滑順的口感。櫻桃考慮到小朋友也能輕鬆品嚐，使用新鮮的酸櫻桃（griotte）替代酒漬櫻桃。為了增添巧克力和櫻桃的絕佳搭配，加入了開心果鮮奶油香緹，開心果不僅在鮮奶油中使用，還作為點綴，為整體帶來香脆的堅果風味與口感。

開心果鮮奶油香緹

【材料】方便製作的分量

鮮奶油香緹（P064）…1000g
新鮮開心果醬（pâte de pistache fraîche ／ BABBI）…50g
烘烤的開心果醬（pâte de pistache torréfiée ／ Mikoya）…50g

【作法】

把一部分打發至6～7分發的鮮奶油加入開心果醬中，用打蛋器充分混合。

POINT 烘烤過的開心果會帶有一些類似大豆的風味，因此需要將新鮮的開心果醬與烤過的開心果醬混合，以增強開心果的風味。

混合均勻後，再加入剩餘的打發鮮奶油，將整體混合均勻。

確保溫度在35℃以上，再加入打發至6～7分發的鮮奶油，用矽膠刮刀細心地混合。

POINT 如果溫度低於35℃，巧克力會凝固變得粗糙。如果發現溫度低於35℃，再次進行隔水加熱至適當溫度。

【作法】

1

將巧克力放入碗中，下墊熱水隔水加熱至50℃，融化巧克力。

用矽膠刮刀攪拌卡士達醬至光滑，加入步驟1中的巧克力。再加入適量已經稍微打發的鮮奶油，用打蛋器混合。然後再放回熱水隔水加熱至40℃，保持溫度穩定。

POINT 先加入少量打發的鮮奶油混合，有助於更容易與卡士達醬融合。

把步驟2的混合物倒入食物處理器中，打成光滑的乳霜狀。

組合

【組成部分】

petits gâteaux 77 個

巧克力海綿蛋糕…前述全量
巧克力鏡面淋醬
（pâte à glacer la première）…100g
香草糖漿…505g
巧克力奶餡…4703g
冷凍酸櫻桃…705g
開心果鮮奶油香緹（夾層用）
…1000g
巧克力噴霧 ※…適量
開心果鮮奶油香緹（表面用）
…100g
表層裝飾（巧克力球、開心果、
酸櫻桃、巧克力鏡面淋醬）
…各適量

※巧克力噴霧
62%黑巧克力（500g）和可可脂（250g）放入碗中，下墊熱水隔水加熱融化。

【作法】

1

將巧克力鏡面淋醬下墊熱水隔水加熱融化。

2

巧克力海綿蛋糕3片，分別切除四邊，裁切成57×37cm長方形。

在烤盤上放置其中一片海綿蛋糕，用刮刀均勻塗抹融化的巧克力。

4

在上方覆蓋上烘焙紙，蓋上烤盤，然後上下顛倒反轉。

5

去掉底部覆蓋的烘焙紙，將海綿蛋糕四周放上長方形的框模，模具內側貼上透明塑膠片。

6

在5的海綿蛋糕上均勻刷塗香草糖漿（101g）。

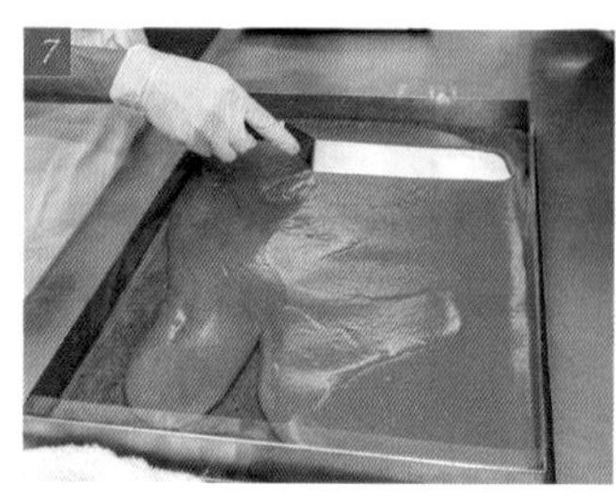

在6上鋪巧克力奶餡，用刮刀鋪平。

把酸櫻桃均勻間隔地嵌入巧克力奶餡中。

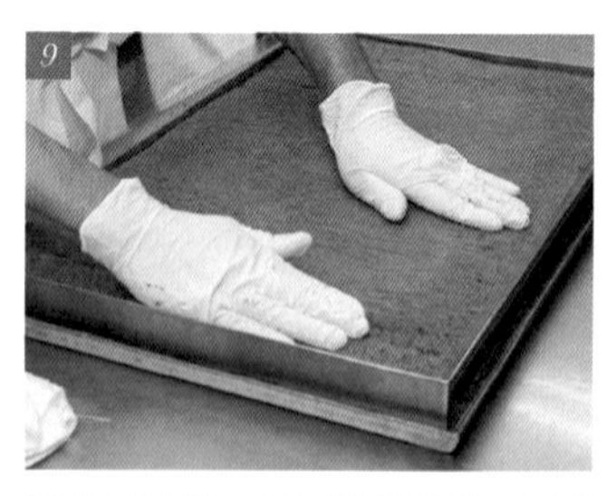

用刮刀平整表面，使其平穩後，再重疊上一片巧克力海綿蛋糕，再次壓平整形。

在9的海綿蛋糕上均勻刷塗香草糖漿（202g），然後放上開心果鮮奶油香緹，用刮刀均勻塗抹平整。

再次重疊一片巧克力海綿蛋糕，用手壓平整形狀，再塗抹香草糖漿（202g）。

最後鋪入巧克力奶餡，均勻塗抹平整。然後放入急速冷凍約40分鐘。

將巧克力噴霧放入噴霧槍中，均勻地噴在表面，然後分切成每塊9×3cm。

以裝有開心果鮮奶油香緹的擠花袋擠出裝飾，用巧克力球、開心果和裹上巧克力鏡面淋醬的酸櫻桃裝飾。

POINT 用於裝飾的開心果需要先燙煮以展現出顏色，之後冷凍儲存。

Pâtisserie HINNA

パティスリー ヒンナ

（神奈川・小田原）

Executive Chef Patissier

有野 孝

畢業於大阪阿倍野辻烹飪師專門學校。之後加入了大阪守口Hotel Agora飯店。在外商經營的高級飯店和麵包店擔任糕點及麵包師，2006年在新加坡參加國際料理比賽並獲得金牌。2014年起負責開發「Qu'il fait bon」的產品。2019年創立「Pâtisserie Labo HINNA」，2021年擔任「Pâtisserie HINNA」的糕點行政主廚。

我們使用與卡士達類似，能夠吸收水分的海綿蛋糕

「Pâtisserie HINNA」的糕點行政主廚，有野主廚對於夾層蛋糕（Shortcake）有以下的看法：

「夾層蛋糕必須包含水果等主要材料，並以簡單的海綿蛋糕和奶油餡組合而成。重點是奶油餡必須輕盈。例如，像打發甘納許（ganache）那樣沉重的奶油餡，就完全不符合夾層蛋糕的要求。這就是我對Shortcake的定義。」

他強調平衡和穩定的品質，對於口感和味道等方面非常講究。

考慮整體平衡，尤其是使用水果時，選擇非蓬鬆的海綿蛋糕體，而是類似卡士達質地較為扎實的蛋糕體，這樣可以更好地吸收整體水分，同時保持質地。

「因此，海綿蛋糕的配方中，蛋相對於糖和麵粉的比例較高，比重也較低。同時，在烘焙前統一調整海綿蛋糕的比重，這樣製作出來的產品將不會受到製作者技術的影響，可提供穩定的產品」有野主廚表示。

但這並不是唯一的選擇。如果使用像罐頭或果醬等加工過的材料，由於糖分已經提前調整好，因此也可以選擇輕盈蓬鬆的海綿蛋糕。

在學徒時期，總是攜帶著小筆記本，聽取前輩們的話後立即做筆記。由於在美商飯店工作，因此他會在之後將筆記整理成英文。筆記本裡甚至有30年前的紀錄，現在把這些筆記內容輸入到電腦中並進行分類整理。

『Pâtisserie HINNA』在櫃台內擺放了12cm的完整蛋糕6款，和切塊販售的蛋糕12款，還有9種烘焙點心和6種餅乾。雖然蛋糕的款式和數量有限，但考慮到口味的平衡，精心組合了水果、乳酪、巧克力等不同口味。其中還提供使用季節食材製作的夾層蛋糕。

在當地草莓盛產期才使用。
鮮奶油的糖分添加量非常重要

『HINNA』位於觀光區小田原，注重主要食材的時令、季節感與地方特色。例如，採用當地產的草莓作爲主要材料，一般在12月～5月左右上市，不使用進口或夏秋季的草莓。此外，也會使用芒果、哈密瓜、白桃、黃桃、無花果、洋梨和栗子等食材。

最後使用的鮮奶油，會在事前品嘗主要食材的風味和成熟度，來決定添加糖的分量。原則上，鮮奶油的糖分控制在65%～85%之間，每次根據需求進行調整。這樣做可以防止水分較多的水果，因時間變化產生負面效果，滲出水分。

有野主廚說：「這項工作，在於調整鮮奶油的糖分，避免引起水果的水分滲出，對於製作夾層蛋糕來說至關重要」。

鮮奶油的風味會根據主要食材進行變化。例如，芒果使用酸奶油，桃類使用優格，無花果使用卡士達醬，洋梨和栗子使用焦糖等。但根本上，鮮奶油是主角，同時兼具輕盈和整體調和的角色。同樣地，爲了考慮整體的平衡，脂肪含量大約調整在38%～42%之間。

簡潔是構成要素，『HINNA』的蛋糕平衡且輕盈，兼具迷人魅力

店鋪距離小田原車站步行15～16分鐘，東海道沿線，2021年3月12日在追求地區活化的「箱根口車站（報德廣場）」開業。位於以美食廣場風格的用餐空間內，其中一角就是『Pâtisserie HINNA』。

夾層蛋糕／草莓

2970日元（含稅）12cm
販售期間　12月～5月下旬

海綿蛋糕

【材料】

21cm圓形1個＋12cm圓形2個

全蛋…300g
上白糖…300g
低筋麵粉（日清 Violet）…234g
玉米澱粉…26g
47%鮮奶油（タカナシ乳「特選北海道純正生クリーム47）…90g
天然香草精1g／麵糊量的0.1～0.2%

【作法】

把蛋和砂糖放入碗中，隔水加熱至約40℃，混合均勻。在這一步驟要注意盡量不要讓空氣進入。

POINT 使用上白糖而不是砂糖，因為上白糖的含水量較高，可以使成品更濕潤。

夾層蛋糕／草莓

在夾層蛋糕的分類中，草莓是一年中銷售時間最長，且極受歡迎的商品，對於銷售額也有很大的貢獻。然而，在『Pâtisserie HINNA』由於重視時令和季節感，特意選擇草莓盛產的季節，大約是12月～5月進行銷售，不會整年販售除非客人特別要求。因此，作為代表季節更迭的商品之一，它在櫥窗內也扮演著重要的角色。這款產品的特點是，應用在海綿蛋糕的糖漿中，除了加入草莓的風味外，還添加了香草，可為香氣增添層次，同時也表現出獨特的原創性。作為主要材料的草莓，1月～5月會儘量使用當地小田原產的「さちのか品種」和「紅ほっぺ品種」。小田原產的草莓主要在當地銷售，特點是多數採摘時已經完全成熟，再以季節的食用花朵裝飾。尤其是內用的蛋糕（上圖），也會在盛盤時使用多種食用花朵，以豐富多彩的樣貌提升客人的印象。

【配方的特色】

◎為了製作扎實的海綿蛋糕，使用蛋白質含量較低的低筋麵粉「Violet」，並添加10%的玉米澱粉來增添輕盈感。
◎為了使麵糊與乳脂肪充分融合，使用高脂鮮奶油。也可以透過等比例的牛奶和奶油來調整總量。

當溫度達到40℃時，停止隔水加熱，過濾以防止雜質進入，將蛋液倒入攪拌盆中。

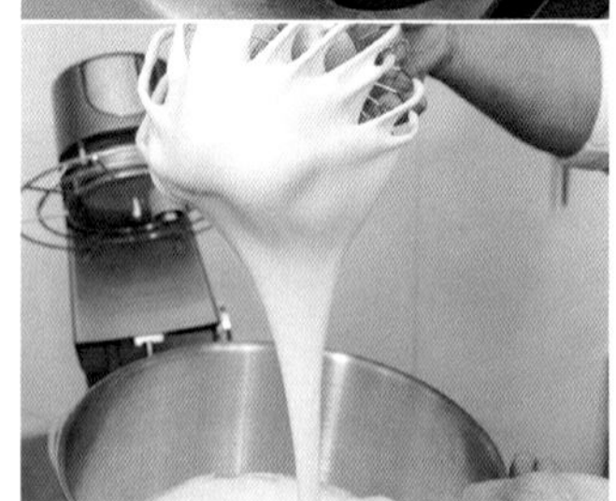

使用攪拌機中速進行攪拌。根據一次攪拌的分量，調整攪拌速度。攪拌至充分起泡後，降低攪拌機速度至中低速，再繼續攪拌15～20分鐘，然後關掉攪拌機。

POINT 透過均勻穩定蛋的氣泡大小，可以減緩加入粉料時蛋糊消泡。

將低筋麵粉與玉米澱粉混合一起過篩。

一邊攪拌，一邊逐漸加入過篩的粉類。

注意不要壓破氣泡，同時加入所有粉類。

加入鮮奶油。鮮奶油事先加入香草精，並隔水加熱至人體肌膚溫度。先加入少量鮮奶油與麵糊混合，然後再倒回麵糊中，將整個麵糊混合。

POINT 將鮮奶油加熱至人體肌膚溫度，可以使脂肪更容易融入麵糊。

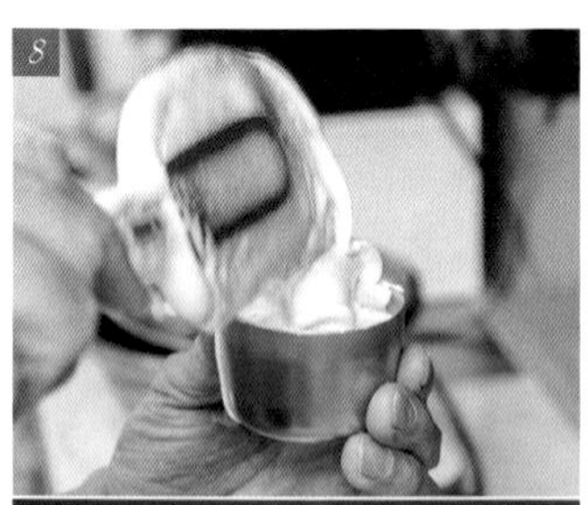

待鮮奶油與麵糊混合後，測量麵糊的比重，並檢查麵糊的狀態。將麵糊倒入可容納100毫升的容器中，重量應爲50～53克。

POINT 要在烘烤之前測量麵糊的比重，並確認空氣和材料在固定體積內的含量，這樣可以確保海綿蛋糕的質地在烘烤後更穩定。

待煮沸立即倒入下墊冰水的鋼盆中冷卻。

倒至容器中，盡量在3～4天內使用完畢。請注意，糖漿使用時需取出所需量放入另一容器中使用。這樣做是爲了防止使用毛刷刷塗糖漿時，鮮奶油或海綿蛋糕屑混入造成腐壞。

鮮奶油香緹

【材料】 方便製作的分量

42%鮮奶油（タカナシ乳業「特選北海道純正生クリーム 42）…1000g
細砂糖…70～80g
鮮奶油用明膠粉フォンドコンセントレイト（Fond concentrate 已加工明膠粉）…10g
天然香草醬（馬達加斯加產）…1g

草莓糖漿

【材料】 方便製作的分量

水…200ml
接骨木花（Elderflower）1g茶包…1袋
草莓果泥（冷凍）…200g
細砂糖…200g

【作法】

把接骨木花茶包放入水中，浸泡約1小時，使其充分膨脹後再加熱。

煮沸後，保持火力，加入草莓果泥溶解，不需要過濾。

再次煮沸後，加入砂糖煮至溶解。

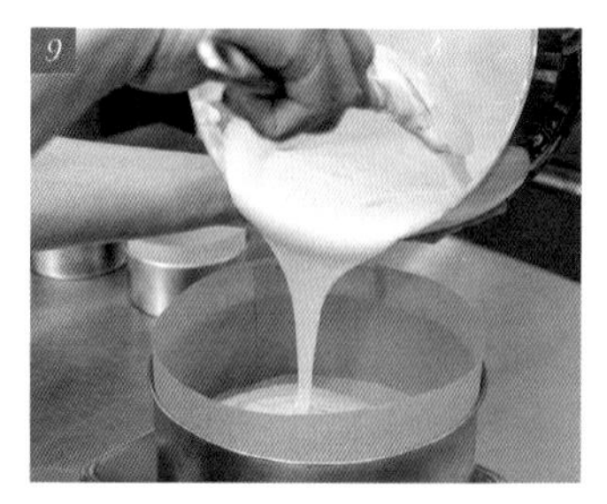

將麵糊倒入鋪有烘焙紙的圓形烤模中。用於切塊的圓模直徑21cm，麵糊約550克；用於整個蛋糕的圓模直徑爲12 cm，麵糊約170克。

輕輕拍打底部，排除粗糙的大氣泡，然後放入上下火都預熱至180℃的烤箱。

烘烤25分鐘，將下火降至160℃，再烤約15分鐘，根據狀況取出。

脫模，放在網架上冷卻。待稍微降溫後，撕掉烘焙紙，避免乾燥，儲存在保存容器中。

海綿蛋糕體，將烘焙時底部的那一面放在下面。從頂部開始，依次橫切成1.5cm、1cm和1.5cm厚的片狀。

刷上草莓糖漿。這是帶有草莓果泥紅色的糖漿，因此要留意不要刷塗到邊緣，預留約1cm的邊緣不塗抹。

POINT 最底層的海綿蛋糕，糖漿的塗抹量要控制得少一些。隨著時間，水分會滲入海綿蛋糕底部使其變軟，因此要相對塗得少一些。

在鋼盆中打發的鮮奶油香緹，均勻地塗在蛋糕上，使其厚度均勻。

在蛋糕邊緣留約1cm，排列切成片狀的草莓。首先在邊緣周圍排列一圈草莓，然後在內側鋪入草莓。

組成部分

【材料】

Petit gâteau 11個

海綿蛋糕…21cm圓形1個
草莓…15個左右
鮮奶油香緹…適量
草莓糖漿…適量
食用花…適量

【作法】

爲了推動地區振興，1月～5月我們盡可能地使用當地小田原產的「さちのか」和「紅ほっぺ」草莓。夾層用的選用外觀不規則的A等級草莓，而作爲裝飾的主要是外觀可愛的S等級草莓。

去掉草莓蒂，切成5mm寬的片狀。

【作法】

細砂糖、明膠粉混合，加入鮮奶油中。必須先試吃一下夾在蛋糕中的草莓，根據甜度和酸度考量在鮮奶油中加入7%～8%的砂糖，視情況調整。

POINT 鮮奶油用明膠粉是由微細顆粒的明膠和糖混合而成，可防止鮮奶油因時間而產生的滲水現象，可維持草莓蛋糕整體的水分。

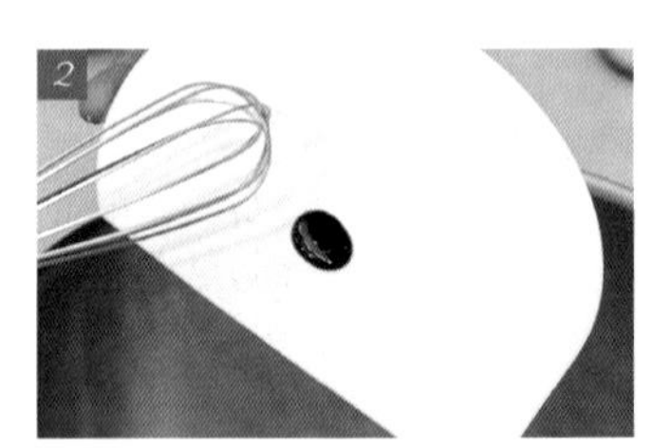

加入天然香草醬。香草的甜香能提升草莓的香氣。

中速攪打成6分發。將鮮奶油香緹移到碗中，下墊冰水。若鮮奶油香緹不夠堅挺，會因滲水而使蛋糕口感濕黏，要確保打發得足夠。

若蛋糕中草莓含有較多水分，可以輕輕撒上經過熱處理的玉米澱粉（「クエリー」材料表外）。

POINT 經過熱處理的玉米澱粉無味無臭，並且可以吸收水分，使含有較多水分的水果放置後不易滲水變形，非常方便。

再次在蛋糕上塗抹一層鮮奶油香緹。在這裡要注意不要磨損草莓表面，因爲草莓汁會滲入鮮奶油香緹。

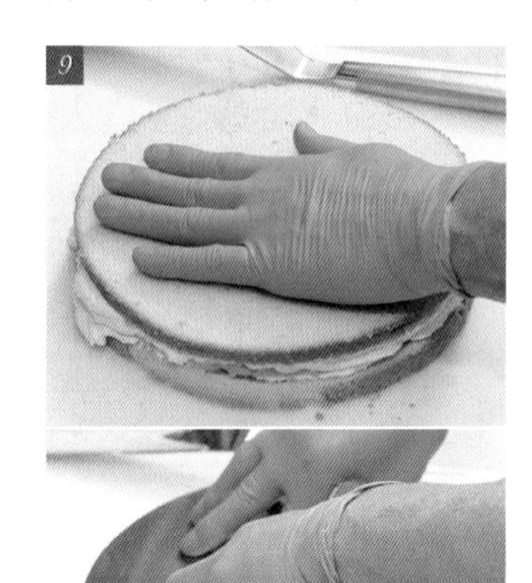

將第二層海綿蛋糕放在上面，放上底板輕輕壓緊。使用底板可以均勻分散壓力，使蛋糕輕輕壓平。

再次塗抹草莓糖漿。從第二層開始，可以大量地塗抹糖漿。接著重複步驟4～9，直到完成三層夾層蛋糕。在第三層蛋糕上塗抹糖漿後，再塗抹一層鮮奶油香緹作爲底塗。

底塗是指在蛋糕的頂部和側面抹上輕薄地鮮奶油香緹。

POINT 如果側面有空洞，可以在底塗階段塡補，這樣成品會看起來更整潔。

在整個蛋糕上塗最後一層鮮奶油香緹，用抹刀均勻平整。在蛋糕的"轉折"部分塗上補平的鮮奶油香緹，側面也塗上。然後放入冰箱冷藏半天使其冷卻凝固。

使用等分器標記，用溫熱的刀子將蛋糕切成11塊。

最後，使用擠花袋裝入鮮奶油香緹，擠花並以草莓裝飾。

使用食用花和香草進行華麗的裝飾。會根據季節的不同，使用在小田原附近所種植的食用花。

夾層蛋糕／蜜瓜

682日元（含稅）

販售期間　6月上旬～7月下旬

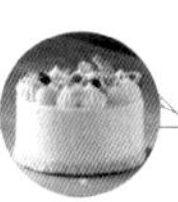

海綿蛋糕

※ 材料、作法參照 P081「夾層蛋糕／草莓」

蜜瓜糖漿

【材料】方便製作的分量

基礎糖漿
- 水…400ml
- 細砂糖…470g

檸檬馬鞭草…2～3枝
市售蜜瓜糖漿…基礎糖漿100g爲基準對應15g
水…以基礎糖漿100g爲基準對應50g

【作法】

1 在鍋中加入水和砂糖，放在爐上加熱，製作出Baumé糖度30的糖漿後，加入檸檬馬鞭草。檸檬馬鞭草也被稱爲馬鞭草，是一種具有檸檬香氣的香草。

夾層蛋糕／蜜瓜

蜜瓜夾層蛋糕（Melon shortcake）是『HINNA』糕點店中的另一款特色產品。供應時間從6月初或中旬到7月底左右。使用的是安第斯（Andean）蜜瓜，將高價蜜瓜用於蛋糕製作不一定能完全展現其特性，所以特意選擇了相對較經濟實惠、但甜度和味道都不錯的安第斯蜜瓜。在採購時一定會試吃，選擇成熟的蜜瓜使用。但如果過熟，口感會變得較差，所以要選擇適度成熟的蜜瓜。用於夾層的蜜瓜切片，靠近外皮的部分較硬，咬起來口感不好，所以只使用靠近中芯較軟的部分。此外，蜜瓜的香氣相對較弱，而且與乳製品搭配容易產生一些青澀味，因此在糖漿中添加香草「馬鞭草」，以及使用市售蜜瓜糖漿來增強香氣，並且在夾層的鮮奶油香緹中添加香草精萃來凸顯蜜瓜的風味。

【配方的特色】

◎ 透過添加帶有檸檬風味的馬鞭草，可以減緩蜜瓜香氣中容易感受到的青澀味。
◎ 由於新鮮蜜瓜的風味較弱且容易散失，因此使用市售的蜜瓜糖漿來增強香氣和甜味。

【作法】

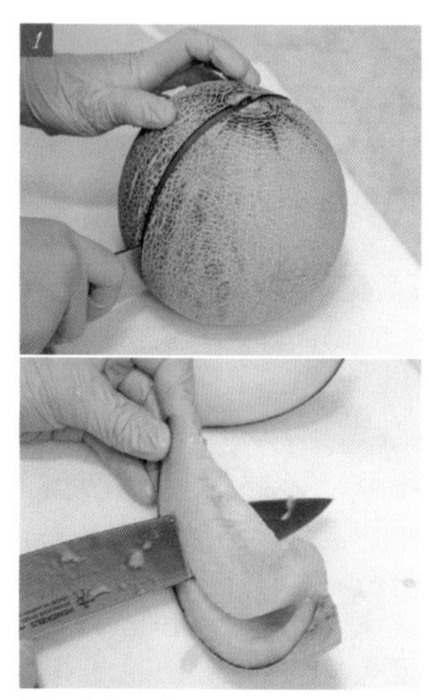

使用安第斯蜜瓜。務必品嘗並選擇適當成熟度的蜜瓜。將蜜瓜切半，去掉種子，然後將果肉切成1mm厚的斜片，放在廚房紙巾上吸除水分。

POINT 削果皮時，要留多一點的皮，只使用果肉較軟的部分。較接近果皮的部分可能會影響海綿蛋糕的柔軟度，而且在分切時可能出現不均勻，或在食用時影響口感。

切好的蜜瓜片面積變大，放在夾層前，先撒上經過熱處理的玉米澱粉。

POINT 成熟的蜜瓜果肉含有較多水分，因此在製作夾層之前，請使用廚房紙巾吸乾多餘的水分。

夾層用鮮奶油香緹

【材料】 方便製作的分量

42%鮮奶油（タカナシ乳業「特選北海道純正生クリーム42）…800g
細砂糖…70g
鮮奶油用明膠粉（Fond concentrate已加工明膠粉）…10g
液體的香草精…1g

【配方的特色】

◎ 香草的香氣對這款夾層蛋糕來說不可少。
◎ 然而，新鮮蜜瓜的香氣相對較弱。使用香草醬會使味道過於濃烈，蓋過了蜜瓜，因此使用液體的香草精來調配。

【作法】

所有材料放入攪拌碗，攪拌機設定為中速，打發至6分發立即停止，將鮮奶油香緹倒入另一個碗中。使用時，下墊冰水保持冷卻。

組合

【組成部分】

Petit gâteau 11個

海綿蛋糕…21cm圓形1個
蜜瓜糖漿…165g
蜜瓜（夾層用）…3/4個
蜜瓜（裝飾用）…1/4個
鮮奶油香緹…450g
經過熱處理的玉米澱粉「クエリー」…適量
烤過的椰子絲…適量
食用花、香草…適量

加入適量的檸檬馬鞭草，在快要沸騰時關火，進行過濾。

POINT 如果煮沸時間過長，會導致苦味，所以在快要沸騰時離火。

過濾後的檸檬馬鞭草液再次倒回鍋中，稍微煮沸一下。

煮沸後的液體再次倒回碗中，下墊冰水冷卻，成為基礎糖漿。

100g基礎糖漿加入15g市售蜜瓜糖漿和50g水。蜜瓜的香氣容易揮發，因此加入市售蜜瓜糖漿來保留香氣。僅加糖漿會太過甜膩，因此加入適量的水。

將烘焙時底部的那一面放在下層，橫切成3片。隨時間底部會有水分滲出，所以糖漿要刷塗少一些。

放上8分打發的鮮奶油香緹抹平。

在放上蜜瓜之前，將經過熱處理的玉米澱粉均勻撒在蛋糕上。

在邊緣留出1cm左右的空間，放上蜜瓜，再撒上一層經過熱處理的玉米澱粉。

POINT 蜜瓜含有大量水分，即使去除表面水分，內部還是可能隨著時間流出，導致蛋糕變形。為了避免發生，可以在蜜瓜片上撒高吸水性的加工澱粉，以吸收釋出的水分。

接著再次塗抹鮮奶油香緹，填充間隙。

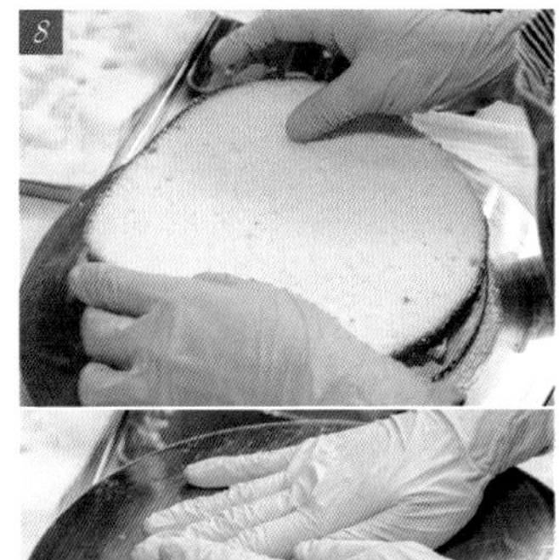

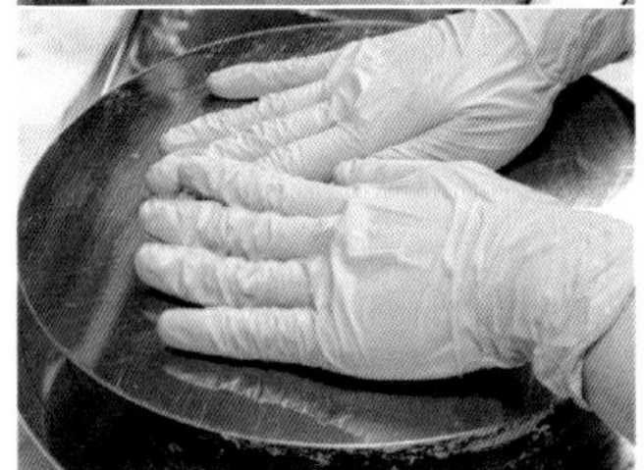

放上第二層蛋糕，用底板壓平使其平整。

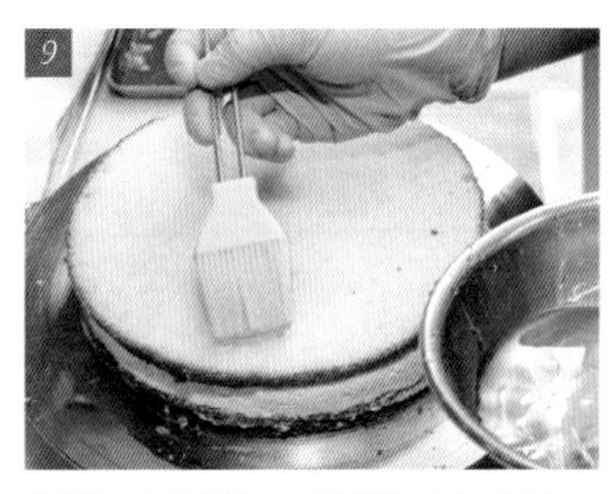

從第二層開始，蛋糕體要多刷塗一些糖漿。之後，重複4～8的步驟，放上第三層蛋糕，並刷塗糖漿。

放上第三層後，用8分打發的鮮奶油香緹進行底塗，然後再塗抹表面和側面。

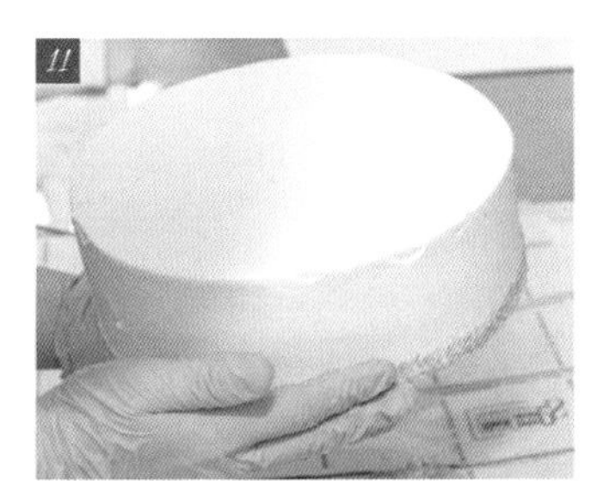

將蛋糕從轉臺上取下，底部的側面沾上椰子絲。然後將蛋糕放入冰箱半天，使其冷卻。

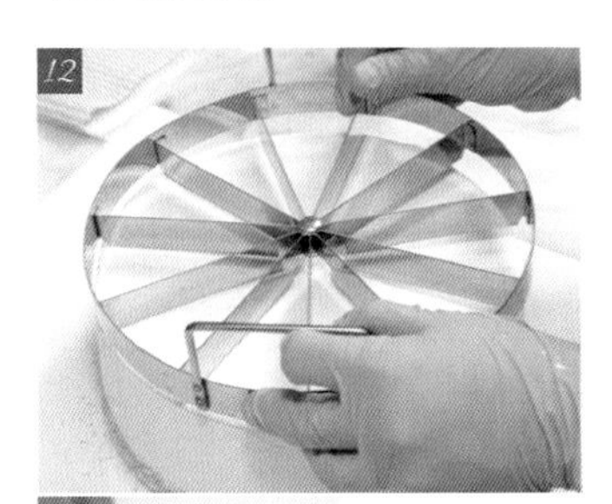

從冰箱取出，用等分器在蛋糕上標記，分切成11塊。

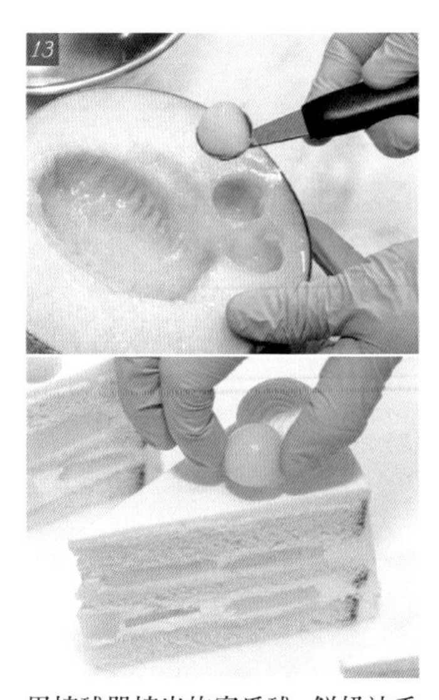

用挖球器挖出的蜜瓜球、鮮奶油香緹與食用花朵、香草裝飾蛋糕表面。

夾層蛋糕／芒果

682日元（含稅）
販售期間　7月上旬～7月下旬

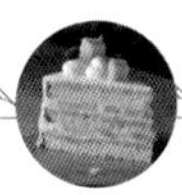

芒果糖漿

【材料】使用量

芒果果泥…100g
細砂糖…100g
水…30ml
糖漿（Baumé糖度30）…50ml

【作法】

鍋子分次放入砂糖和水（預留下一小部分的水），加熱煮至焦糖化。

確保不要煮得過焦，當顏色變淺棕色，散發出令人愉悅的香氣時，餘熱還會再加溫，加入1預留下的水，將鍋邊附著的焦糖溶解。

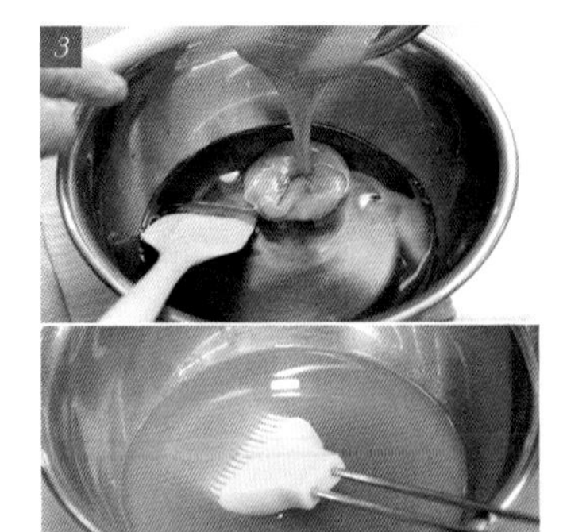

待冷卻後，倒入碗中，加入糖度30的糖漿、芒果果泥攪拌均勻即成糖漿。

夾層蛋糕／芒果

這是夏天的芒果夾層蛋糕，以熱帶氣息和甜美的味道讓人感受到夏天的氛圍。在「HINNA」夾層蛋糕系列中，這款蛋糕通常在7月上旬到下旬之間推出。然而，在店內的定位上，芒果被視爲一個"過渡"的項目。因爲芒果的品質不穩定，且很難在店內達到理想的成熟度。因此，我們會檢查購入的芒果品質，如果不符合提供水準，就不會製作銷售，而在本來計劃推出芒果夾層蛋糕的時候，如果有優質的水蜜桃可以取代，有時會選擇跳過芒果而推出水蜜桃夾層蛋糕。在使用芒果製作夾層蛋糕時，特別重視的是製作的兩大要素：鮮奶油香緹和糖漿。芒果獨特的酸味，如果單獨與乳製品結合，可能會帶來不好的味道。因此，在製作鮮奶油香緹時，會加入椰奶作爲芒果的中介。同時，在糖漿中也會加入焦糖風味來平衡芒果的特殊酸味。透過這些搭配，這款夏日夾層蛋糕能夠完美展現成熟芒果的風味，爲夏季增添多彩的滋味。

【配方的特色】

◎ 考慮到 P088的鮮奶油香緹與芒果的風味平衡，加入了焦糖的苦澀和香氣。

把烘烤好並橫切成三片的蛋糕體，底層蛋糕體放在最底下，由於隨著時間的推移，水分會滲出，所以，底層蛋糕體使用的糖漿要節制一些。

在碗中放入要使用的鮮奶油，然後打發至形成8分發的鮮奶油香緹。

POINT 爲了確保夾層的鮮奶油香緹保持穩定的形狀，每次使用時都要打至8分發。

用抹刀平均地塗抹後，將切好的芒果放在上面。從距離邊緣1cm處開始，先沿外圍排列，然後再往內鋪放。

使用低速攪打會花費很長時間且升溫，所以用高速攪打。打發至6分發後，冷藏至使用時。

組合

【組成部分】

Petit gâteau 11個

海綿蛋糕…21cm圓形1個
芒果…2個左右
鮮奶油香緹…450g
芒果糖漿…適量
烤過的椰子絲…適量
食用花…適量

【作法】

芒果購入的時候必須進行品嚐，使用時將芒果縱切成三片，避開中央的種子，使用兩側部分。去皮後，將用於夾層的芒果切成5mm厚。

夾層用鮮奶油香緹

【材料】方便製作的分量

42%鮮奶油（タカナシ乳業「特選北海道純正生クリーム42」）…800g
細砂糖…70g
鮮奶油用明膠粉（Fond concentrate已加工明膠粉）…10g
椰奶…200g

【配方的特色】

◎ 像芒果這樣帶有酸味的水果，直接與乳製品結合容易產生不協調的味道，因此需要加入椰奶作爲橋樑，就像是一種中和劑。椰子的風味不會太過強烈，而是形成調和的作用，讓整體味道更加均衡。

【作法】

把糖和明膠粉放入攪拌盆中，用攪拌器混合在一起。

POINT 爲了防止夏天因溫度和時間導致鮮奶油香緹滲水而添加。

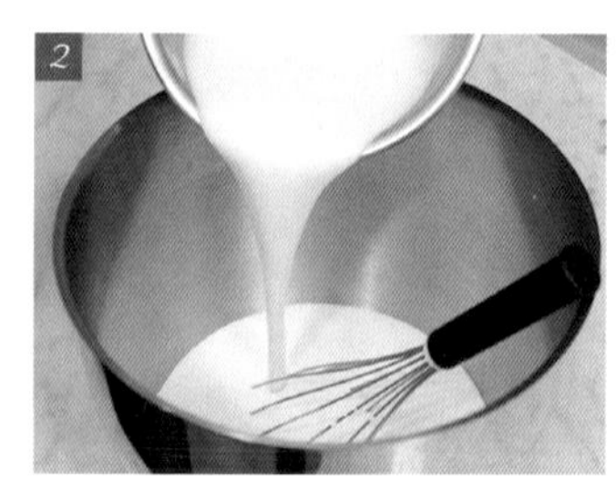

加入椰奶和鮮奶油，以攪拌器打發。

POINT 帶酸味的水果，單獨使用鮮奶油可能味道會不協調，因此添加椰奶中和。不是爲了賦予特殊的風味，打發後也不會有椰奶味。

在排好的芒果片上鋪鮮奶油香緹。由於芒果的果肉不像草莓或蜜瓜那麼多水分，因此不需要撒熱處理的玉米澱粉。

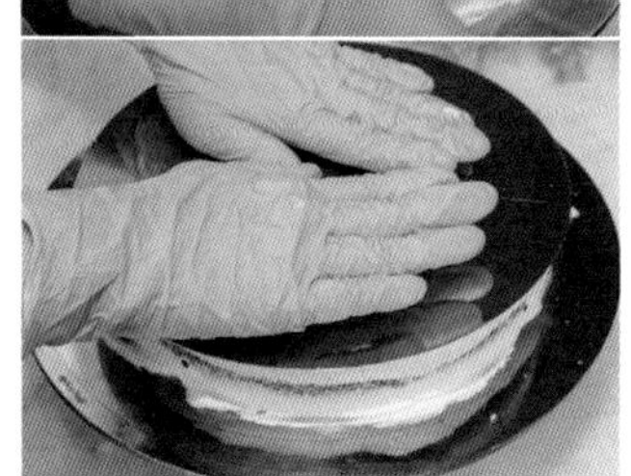

將鮮奶油香緹均勻地塗抹在芒果上，然後放上第二層的蛋糕，使用底板壓整蛋糕使其平整。

從第二層開始，糖漿用量要充足。

與第一層相同，再次放上打發成8分發左右的鮮奶油香緹。然後再次按照4～7的步驟，放上第三層。

組裝好三層後，用打發成6分發左右的鮮奶油香緹進行底層塗抹，然後再抹上打發成6分發左右的鮮奶油香緹作爲表面裝飾。

用抹刀整理側面，然後仔細處理頂面，以避免凹凸不平。

將蛋糕從轉盤上取下，然後在側面的底部沾上烤過的椰子絲。然後將整個蛋糕放在冰箱中約半天，讓其結實。

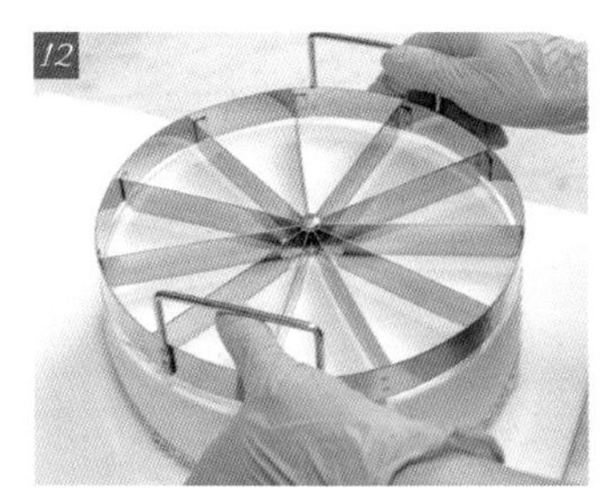

從冰箱取出，用等分器標記出切割的位置。

與其他夾層蛋糕一樣，將蛋糕分切成11塊。

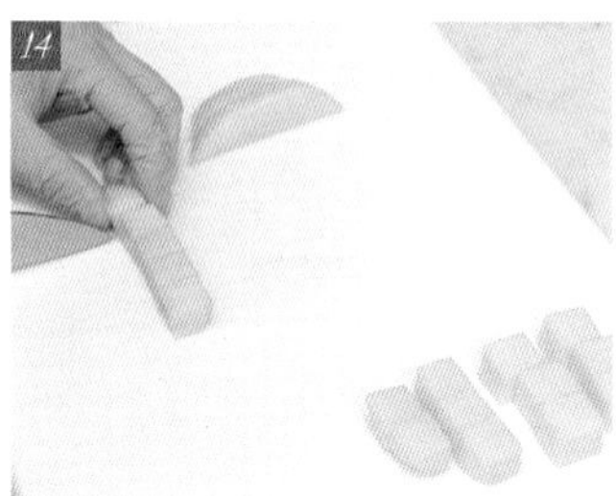

將芒果切丁，放在小蛋糕的一側，然後擠上鮮奶油香緹，以食用花裝飾。

Pâtisserie Chocolaterie Chant d'Oiseau

シャンドワゾー

（埼玉・川口）

owner chef

村山太一

1979年出生於埼玉縣。先後在『Pâtisserie Chêne』（埼玉・春日部）和『Pâtisserie Acacier』（埼玉・浦和）工作後，前往歐洲。於2010年10月獨立經營自己的糕點店。2017年9月開設了第二家分店『Glacier・Chocolatier』，並於2021年3月在川口 AEON MALL內開設第三家分店。

鮮奶油香緹和草莓、蛋糕體融爲一體，味道融合並產生整體感

『Chant d'Oiseau』是追求個性糕點製作的專門店。主廚村山太一先生心中的夾層蛋糕（shortcake），以海綿蛋糕與鮮奶油香緹爲主角，再加入草莓作爲點綴。他慷慨地使用鮮奶油香緹，並將草莓分成2層，使得草莓與鮮奶油香緹賦予蛋糕體適度的水分，形成理想中的濕潤口感。

他解釋說：「由於海綿蛋糕較厚，草莓與鮮奶油香緹間的水分擴散時間較長，蛋糕體口感能保持更久。但我喜歡水分能擴散到整體，帶來融合的風味，所以我特意選擇3層海綿蛋糕。」

此外，製作時他會提前將草莓夾入，留待當天再完成裝飾。他表示：「我將新鮮製作的和前一天夾好、當天切片的品嚐比較，發現前一天夾好當天切片的最好吃。每個部分當然最好都是新鮮的，但對於草莓夾層蛋糕而言，夾好放置一段時間，整體風味會更好。」

另外，村山主廚認爲草莓夾層蛋糕的美味之一就是蛋香。而爲了補充蛋香，他在底層添加了卡士達醬（crème pâtissière）。他解釋：「只有鮮奶油香緹與草莓會使口味過於平淡，而卡士達醬的風味如同海綿蛋糕，使得草莓夾層蛋糕的味道更加完美。」

村山主廚認爲「自己親身的體驗，是創意的源泉」，認爲實際品嚐的經驗對於創意非常有幫助。他最近迷上了鹽麵包，並分析風味和口感，尋找美味的方程式。

距離JR川口站步行約10分鐘，以白色為主題的店鋪，正面擺放著季節限定的甜點，店內的後方有蛋糕和巧克力展示櫃，右手邊則是烘焙點心的貨架。店內有深受歡迎來自比利時的手工巧克力糖（Bonbon），是全年供應的熱門商品。

特別挑選特定採收期的草莓。受到好評的蛋糕也推出冰凍款

這款冰凍的水果夾層蛋糕，展現職人全方位的技藝魅力

「Glass chantilly fraise」是從2018年開始販售的產品。我們考慮推出一款適合家庭共享的冰凍水果夾層蛋糕，因此開發了這款「Entremet Glacé冰凍甜點」風格的夾層蛋糕。關鍵在於將「表現了夾層蛋糕風味的杯裝甜點」加入了海綿蛋糕碎。因為只有草莓、鮮奶油香緹和蛋的組合並不能呈現出真正的夾層蛋糕風味，所以加入了Génoise（海綿蛋糕）以接近我們追求的味道。

在開發過程中，最困難的是調整冷凍狀態下的甜度和口感，使其保持美味可口。作為夾層蛋糕的主角，海綿蛋糕在冷凍時容易凝結水分和奶油，導致口感變差。因此，我們使用無奶油的「Biscuit joconde杏仁海綿蛋糕」替代，並添加覆盆子點綴，以保持味道的豐富多樣性。此外，為了維持冷凍狀態下的柔軟口感，我們在中芯加入果凍，營造立體的口感和風味。

「蛋糕體、果凍、擠花等等，這些都是我們作為糕點師綜合實力的展現。目前，Entremet glacé有4種產品，未來還會繼續增加新產品的開發」，對此充滿熱情。

Petit gâteau約有24種款式。這些蛋糕將經典款式加入獨特的原創元素，外觀也相當具有個性。擅長以巧克力為主的甜點，因此有不少使用巧克力的商品。

常態供應4～5種款式的Entremets（多層蛋糕），和Petit gâteau（小蛋糕）一樣，它們都擁有時尚的外觀。

Crème fraîche fraise

490日元(含稅)
販售期間　整年

【作法】

將全蛋、加糖的蛋黃、蜂蜜、海藻糖和細砂糖放入鋼盆中，下墊熱水隔水加熱並用打蛋器攪拌，加熱至接近人體溫度（冬季稍微感覺有點熱）。

把混合物倒入攪拌鋼盆中，用攪拌器繼續攪打，直到蛋糊變得黏稠。

POINT 一開始為了避免蛋糊飛濺，起始速度可設在中速，待黏稠時再轉成中高速。

當空氣混入使蛋糊顏色變淺時，調整為中速攪拌。

Crème fraîche fraise

Génoise海綿蛋糕配方中加入了稍微多一些的蛋黃。麵粉採用了NIPPON製粉的 Adria，它具有良好的嚼勁和口感。糖分方面，以前使用的是能製作出濕潤口感的上白糖，但考慮到使用上白糖製作其他點心並不多，為了提高廚房效率，改用了細砂糖，並加入了蜂蜜來增加甜味和香氣。「這樣更容易產生梅納反應（Maillard reaction），增添了蛋糕體的香氣」。這款受到好評的商品使用了來自埼玉縣春日部農家供應，成熟的とちおとめ品種草莓，並搭配了豐富的鮮奶油香緹，展現了原材料的風味，同時也呈現出整體感的效果。在繁忙的日子裡，每天可以售出100個。

【配方的特色】

◎ 將蛋的香氣視為製作夾層蛋糕的重要元素，因此在配方中增加了稍微多一些的蛋黃。
◎ 一般來說，製作夾層蛋糕會添加融化的奶油和牛奶，但這樣會導致水分和油脂分離，油脂會破壞氣泡的形成。因此特別使用了鮮奶油。鮮奶油的水分和油脂已經乳化在一起，對氣泡的破壞較少，因此採用了這種方法。
◎ 為了使蛋糕口感不會過於清淡，僅用細砂糖可能不夠。因此特別添加了蜂蜜，以增添豐厚的味道和色澤。

海綿蛋糕

【材料】
39×53.5cm烤盤4個

全蛋…746.5g
加糖蛋黃…166.5g
蜂蜜…70g
海藻糖（Trehalose）…93.25g
細砂糖…560g
低筋麵粉（NIPPON製粉 Adria）…526.5g
36%鮮奶油（タカナシ乳業「Super Fresh」）…93.25g
香草萃取液（Mon Reunion「Vanilla Excellent」）…5.5滴

【配方的特色】

◎ 香氣來自於日本人喜愛的香草風味，而非洋酒。

◎ 爲了平衡口感與保持形狀，使用了2種鮮奶油混合，調整至乳脂肪含量爲41%。

【作法】

1 把2種鮮奶油放入攪拌碗中，加入細砂糖和香草萃取液，用高速攪打，直到打發至7～8分的程度，形成堅挺的鮮奶油香緹。在使用時，調整到8.5分打發的程度（見照片）。

卡士達醬

【材料】方便製作的分量

牛奶…1L
可可脂…22g
香草醬…適量
加糖蛋黃…407g
細砂糖…142.8g
低筋麵粉…112.3g
無鹽奶油…63g

【配方的特色】

◎ 由於蛋黃配方比較多，在製作過程中會過軟，加熱過度則會變成顆粒狀。因此，添加對口感影響較小的可可脂，進行濃稠度的調整。

8 將麵糊倒入鋪有烘焙紙的烤盤上，用刮板均勻整平表面，用手掌輕輕拍打底部以去除大氣泡。

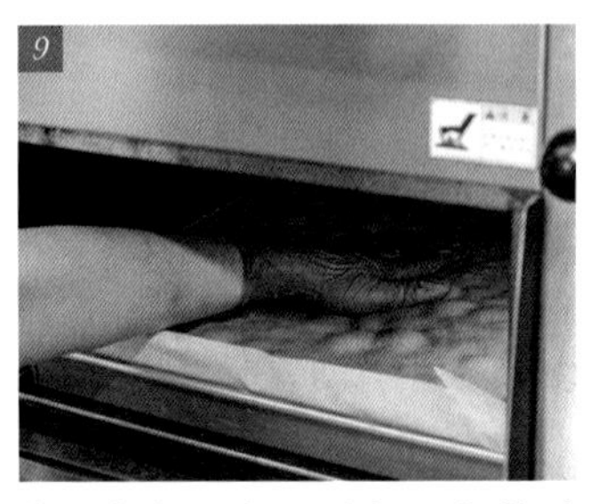

9 使用上火170℃，下火160℃的電烤箱（deck oven）烘烤10分鐘，再改用上火165℃，下火160℃烘烤20分鐘。用手輕輕按壓蛋糕體，如果有彈性，表示烘烤完成。

10 從烤箱取出後脫模，不要撕去烘焙紙，倒置在網架上冷卻。用塑膠袋包妥，冷凍保存。

鮮奶油香緹

【材料】方便製作的分量

40%鮮奶油（タカナシ乳業「Fresh Cream 北の王国」）…1250g
42%鮮奶油（タカナシ乳業「特選北海道純生クリーム」）…1250g
細砂糖…250g
香草萃取液（Mon Reunion「Vanilla Excellent」）…2.5滴

4 當蛋糊體積增加且已經成型時，轉爲低速攪拌使質地均勻。

POINT 根據蛋糊的黏稠程度調整攪拌速度。一開始蛋糊呈液狀時，以中速至中高速快速攪拌，以打入大量空氣。待黏稠後，降低速度，形成細小氣泡並整理質地。

5 當蛋糊出現光澤，舀起滴下的蛋糊會留下明顯痕跡時，表示已完成全蛋打發。

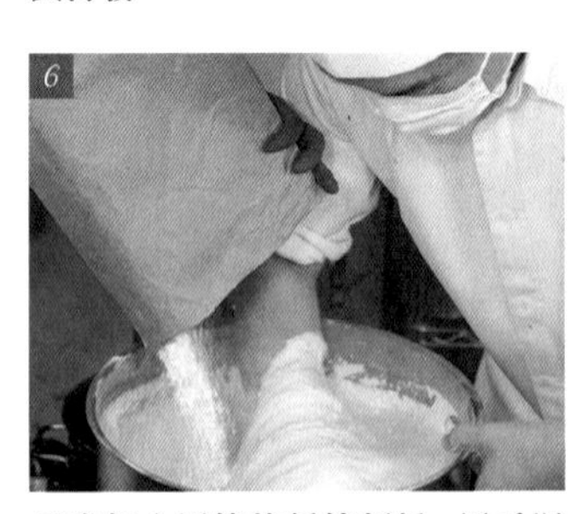

6 逐步加入過篩的低筋麵粉，用手混合均勻。

7 在耐熱容器中放入鮮奶油和香草萃取液，用微波爐（700W）加熱1分20秒。加入6中，快速攪拌均勻結合。

把用於夾層的鮮奶油香緹打到8.5分發，塗抹在3的表面上，再放上第2片的蛋糕體。然後依序重疊：卡士達醬、草莓、鮮奶油香緹、蛋糕體。

在表面輕薄地塗抹一層鮮奶油香緹，然後冷藏一整夜。

6

次日早上，用鮮奶油香緹進行最後一層的塗抹，切成49份（5cm×5cm）。再擠上裝飾用的鮮奶油香緹，放上草莓，最後篩糖粉。

POINT 根據需要，調整鮮奶油香緹的量，使整個蛋糕最終高度約6cm。

將裝有卡士達醬的擠花袋（圓口10號花嘴）在蛋糕體表面上，擠出約2～3mm的厚度，再用刮板使其表面平整。

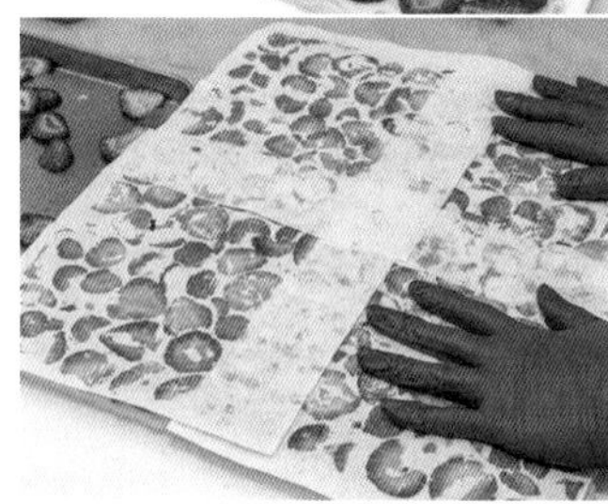

將切成5mm厚的草莓密集地排列在卡士達醬上，用紙巾輕輕吸去水分。

POINT 草莓的厚度約5mm，既不會太薄，也能與蛋糕形成一體感。緊密排列草莓，填滿所有間隙。

【作法】

1

將牛奶、可可脂和香草醬放入鍋中，加熱至快要沸騰。

2

在碗中放入加糖蛋黃和細砂糖，混合均匀後，加入過篩的低筋麵粉攪拌。再加入一小部分1中的液體混合均匀，然後全部倒回1的鍋中再次加熱。

3

一邊攪拌一邊煮至熟透，最後加入奶油攪拌均匀。

4

將卡士達醬移到盤中，用保鮮膜緊密貼合覆蓋，冷卻後冷藏保存。

組合

【組成部分】

Petit gâteau 49個

- 海綿蛋糕…36.5×36.5cm 3片
- 夾層用草莓（上原農園とちおとめ品種）…略少於150顆
- 裝飾用草莓（上原農園とちおとめ品種）…49顆
- 卡士達醬…300～400g
- 鮮奶油香緹（夾層用）…600g
- 鮮奶油香緹（裝飾用）…500g
- 糖粉…適量

【作法】

將冷凍的蛋糕體切成厚度約1.2cm，形成36.5cm的正方形，準備3片。

Glacé fraise

3500日元（含稅）

販售期間　整年

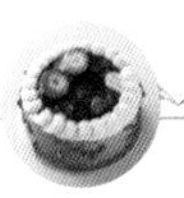

紅莓果凍
Gelée fruit rouge

【材料】

直徑10cm的矽膠圓模10個

覆盆子果泥…160g
草莓果泥…160g
水飴…28.5g
葡萄糖(Glucose)…160g
果膠(Pectin)…6.4g
細砂糖…59g
吉利丁…11g
櫻桃白蘭地(Kirsch)…32g
覆盆子(冷凍)…107.3g

【作法】

1

將兩種果泥和水飴混合在一起。葡萄糖、果膠和砂糖一起混合備用。

2

將步驟1的混合物放入鍋中,用中火加熱。當混合物變熱時,加入事先浸泡還原的吉利丁片並攪拌均勻。

3

關火,最後加入櫻桃白蘭地混合。將混合物倒入矽膠模具中,撒上冷凍覆盆子,放入冰箱冷凍凝固。

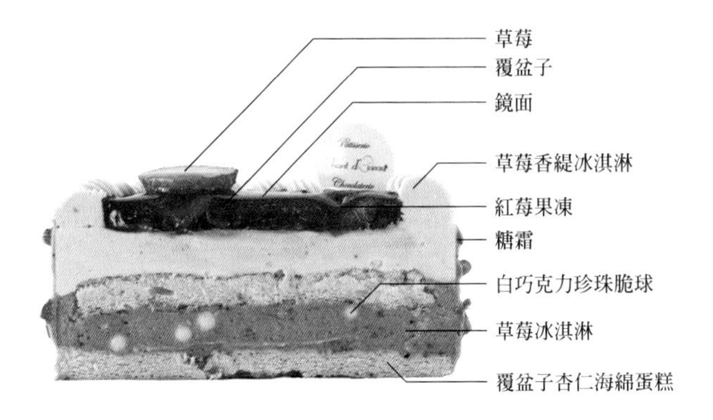

Glacé fraise

這是將受到大小朋友喜愛的草莓夾層蛋糕的風味,透過冰淇淋與糕點構成的「Entremet Glacé冰凍甜點」表現出來。其中使用了成熟的草莓冰淇淋(gelato)與草莓夾層蛋糕(shortcake),加上散佈著法國覆盆子的蛋糕體、白巧克力珍珠脆球以及紅莓果凍,以營造豐富的口感和味道。主角的草莓,村山主廚表示:「在收穫的末期,味道和香氣會發生很大的變化。」冰淇淋的材料,他選擇使用表面觸摸起來非常軟熟的草莓,為了實現這個目標,通常會要求收穫日比正常再多一天。這款產品不僅在店內販售,網路銷售的業績也表現出色。

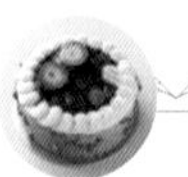

【作法】

1 將牛奶、鮮奶油香緹、鮮奶油放入鍋中，用中火加熱。

2 等到溫熱時，加入A一邊攪拌一邊融化。

3 加入海綿蛋糕碎和草莓片，混合均勻。

5 將烘焙紙和蛋糕一起放在網架上，在室溫下冷卻。由於蛋糕表面會黏黏的，為了方便處理，可輕輕地篩上一些糖粉。

草莓香緹冰淇淋

【材料】使用量

牛奶…1857g
鮮奶油香緹 ※1…427g
36%鮮奶油（タカナシ乳業「Super Fresh」）…448g
A
- 菊糖（Inulin）…32g
- 葡萄糖（Glucose）…190g
- 細砂糖…286g
- 冰淇淋用安定劑（Carpigiani Pannaneve）…21g

海綿蛋糕碎 ※2…342g
草莓（切5mm片）…470g
沙拉油…214g
卡士達醬 ※3…214g

※1 鮮奶油香緹
由40%的鮮奶油（タカナシ乳業的「Fresh Cream 北の王国」）…209g，和41%的生奶油（タカナシ乳業的「北海道純生クリーム」）…209g，加上42g的細砂糖混合而成。無需打發。

※2 海綿蛋糕碎
由P093的「Crème fraîche fraise」中切下的海綿蛋糕邊角等，用食品料理機打碎。

※3 卡士達醬
材料和製作方法參考P094的「Crème fraîche fraise」。

覆盆子杏仁海綿蛋糕 Biscuit joconde

【材料】
60cm×40cm烤盤2個

A
- 加糖蛋黃…286g
- 蛋白…171g
- 糖粉…179g
- 杏仁粉…235g

B
- 細砂糖…283g
- 蛋白…470g

低筋麵粉（日清 Super Violet）…213g
覆盆子碎粒（冷凍）…100g
糖粉…適量

【配方的特色】

◎ 為了在冷凍狀態時仍保持美味，開發了不使用奶油的蛋糕體。
◎ 佈滿覆盆子碎，以增添與冰淇淋融為一體的感覺。

【作法】

1 把A放入攪拌器的鋼盆中，高速攪打直到體積增大且變得濃稠，然後切換到低速攪拌，使其變得光滑。

2 製作蛋白霜。在另一個攪拌器的鋼盆中放入B，打發成舀起尖端稍微彎曲的蛋白霜。

3 將2與1混合，使用矽膠刮刀輕輕攪拌。加入過篩的麵粉，混合均勻。當麵糊舀起時，應如緞帶狀緩緩流動下來。

4 將麵糊倒在鋪有烘焙紙的烤盤上，抹平表面。撒上覆盆子碎，放入上火170℃、下火160℃的烤箱中烘焙15分鐘。

把水和1放入鍋中，以中火加熱。不需要煮沸，這是爲了溶解安定劑。

等到溫熱時，加入材料A充分攪拌至溶解（Brix白利糖度29爲目標）。

POINT 使用比砂糖甜度低的水飴粉，既可以降低甜味，又能增強冰淇淋的保形力。

熄火後加入草莓酒，攪拌放涼。

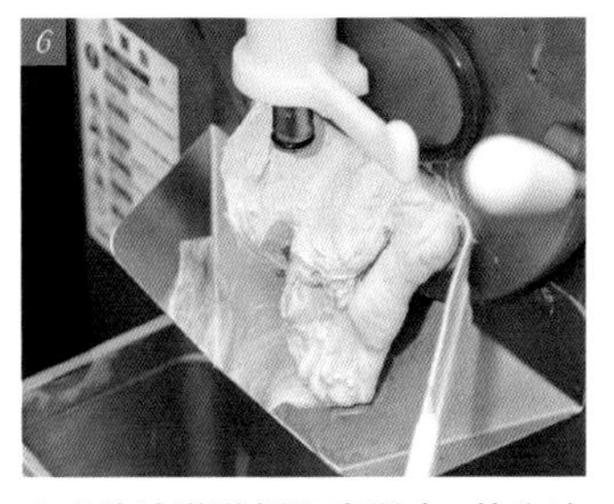

完成的冰淇淋倒入容器中，放入冷凍庫保存。

草莓冰淇淋

【材料】使用量

草莓（上原農園完全成熟的とちおとめ品種）…1Kg
水…400g
A
- 細砂糖…410g
- 水飴粉…80g
- 冰淇淋用安定劑（Carpigiani Pannaneve）…3g
- 菊糖（Inulin）…5g
- 檸檬酸…4g

草莓酒（Crème de fraise）…25g

【作法】

把草莓放入容器中，用手持攪拌器打碎，使其變得光滑。

POINT 如果有果肉殘留，吃的時候會有顆粒感，所以要充分打碎。

加入沙拉油和卡士達醬，使用手持攪拌器攪拌。待變得光滑後，用矽膠刮刀調整口感。

POINT 加入沙拉油是爲了使冰淇淋更柔軟。雖然加入糖分也會讓冰淇淋變軟，但味道會太甜，因此使用不會影響口感的沙拉油。

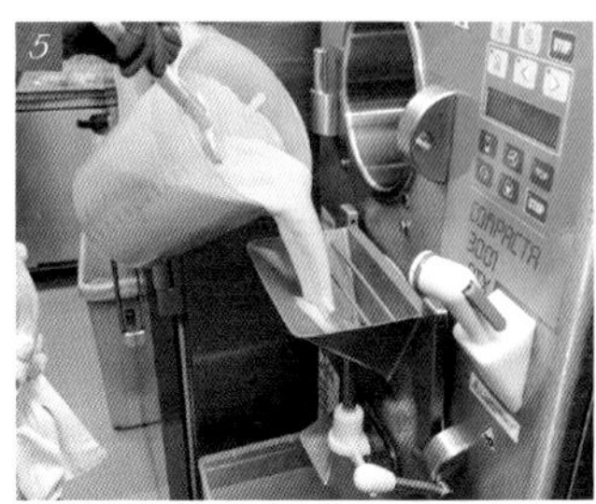

將混合物倒入冰淇淋機，在攪拌的同時冷卻。

組合

【組成部分】
直徑12cm多層蛋糕1個

- 覆盆子杏仁海綿蛋糕…直徑12cm、直徑10cm各1個
- 草莓冰淇淋…200g
- 白巧克力珍珠脆球（OPALYS）…適量
- 草莓香緹冰淇淋…200g
- 紅莓果凍…2片
- 鏡面…適量
- 草莓…適量
- 覆盆子…適量
- 糖霜 …適量

【作法】

使用直徑12cm和直徑10cm的圓形壓模裁切覆盆子杏仁海綿蛋糕。

2

將直徑12cm的覆盆子杏仁海綿蛋糕放入直徑12cm的環形模內，環形模內側貼上透明塑膠片。

糖霜 Glaçage

【材料】方便製作的分量

- 白巧克力…500g
- 沙拉油…150g
- 食用色粉（紅）…5g
- 冷凍乾燥草莓碎…適量

【作法】

把白巧克力、沙拉油和色粉放入鍋中，加熱並混合。最後加入冷凍乾燥的草莓碎，再次混合備用。

鏡面 Nappage

【材料】使用量

- 水飴…110g
- 糖漿（Baumé糖度30）…220g
- 葡萄糖（Glucose）…110g
- 鏡面果膠（Nappage neutre）…270g

【作法】

1

把所有的材料放入鍋中，加熱並混合。

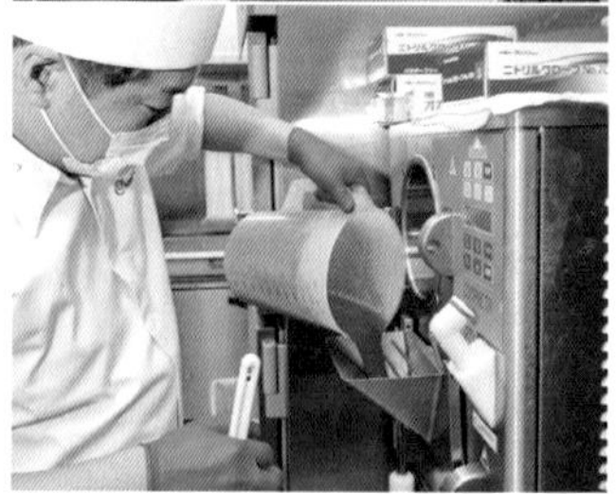

倒入冰淇淋機中，攪拌的同時冷卻。

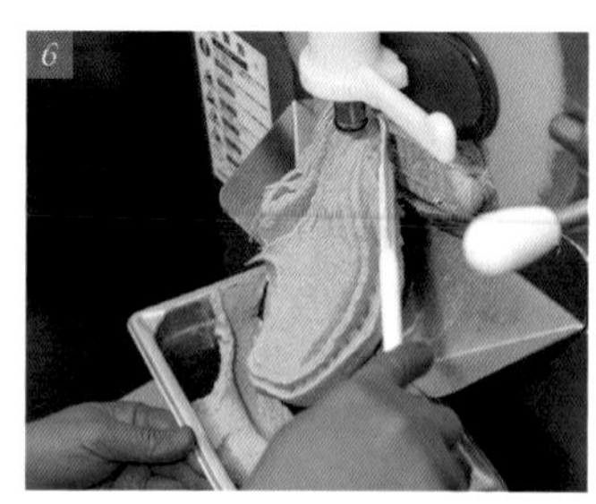

完成的冰淇淋放入容器，冷凍庫保存。

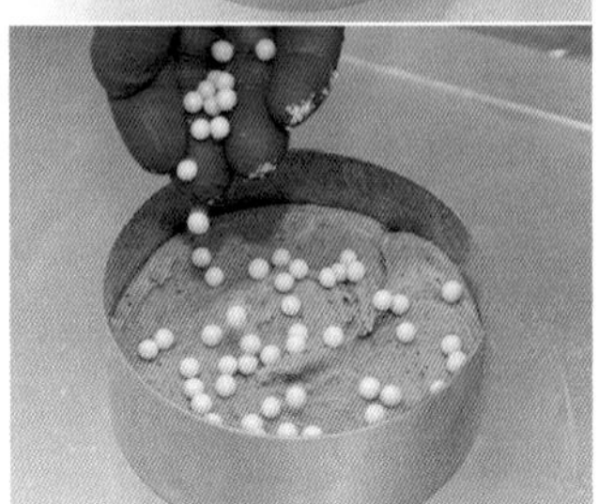

在 -25℃的冷凍室中，將草莓冰淇淋放入擠花袋中，用剪刀剪開尖端，將草莓冰淇淋擠入環形模內，擠入高度達到環形模的一半。將表面平整，撒上白巧克力珍珠脆球。

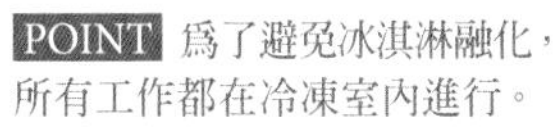

POINT 為了避免冰淇淋融化，所有工作都在冷凍室內進行。

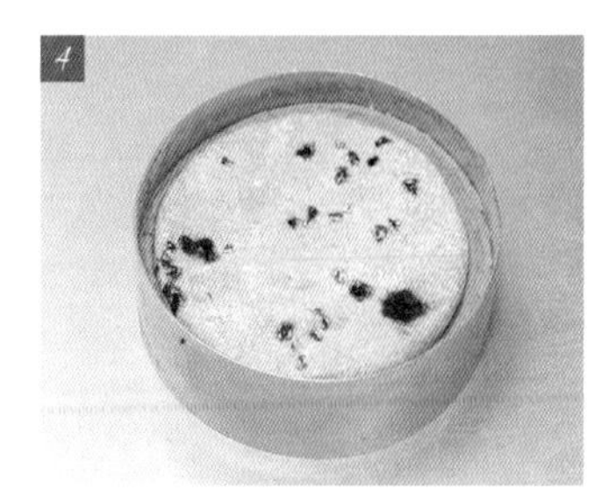

將直徑 10cm的覆盆子杏仁海綿蛋糕放在中間，用小抹刀輕輕壓入草莓冰淇淋的邊緣，使其平整。

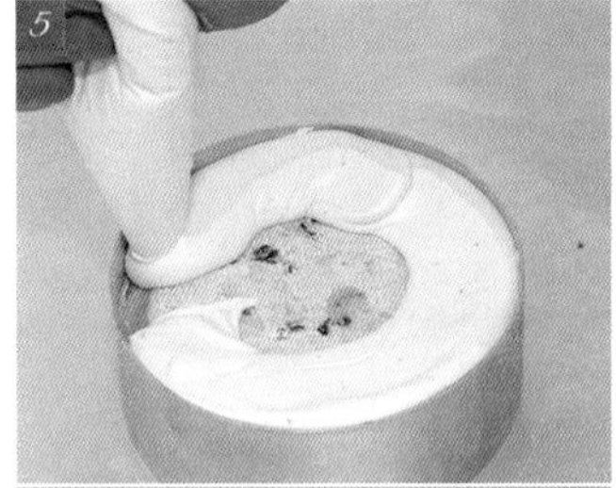

將草莓香緹冰淇淋放入擠花袋中，用剪刀剪開尖端，將草莓香緹冰淇淋擠滿環形模內。用小抹刀使表面平整，然後移除圓形模具。

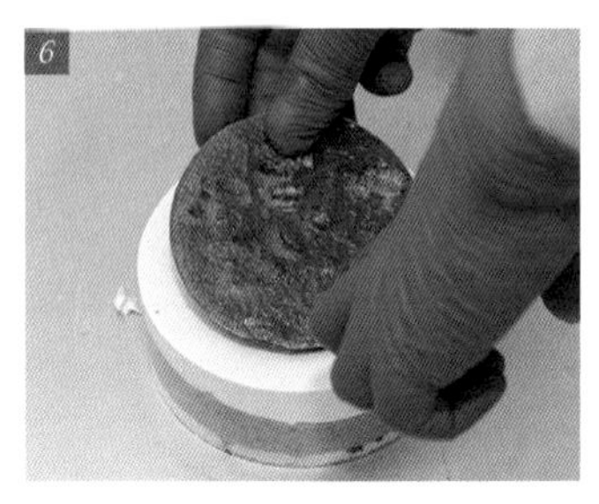

將紅莓果凍放在中央，放入快速冷凍櫃約 10分鐘，冷藏至凝固。

從冷凍櫃中取出，將鏡面塗抹在紅莓果凍表面。

將剩餘的草莓香緹冰淇淋放入裝有星形花嘴的擠花袋中，在紅莓果凍周圍擠出一圈。

把溫熱至人體溫度的糖霜放入深桶中，用叉子刺入8，浸入糖霜後慢慢提起，讓多餘的糖霜滴落。

以切片的草莓和覆盆子裝飾。

POIRE

ポアール

（大阪・阿倍野区）

Grand chef

辻井良樹

1970年生於大阪。20歲時加入了家族經營的「POIRE」，之後約2年半的時間在瑞士進行專業訓練，並在德國學習糖果工藝等相關知識，然後回到日本。自2004年起擔任該店的總主廚，負責從製造到銷售的整體工作。

這款50年來不變，充滿魅力、保水性極佳的蛋糕體

50多年前，「POIRE」店內櫥窗就陳列了日本獨自研發的夾層蛋糕。總主廚辻井良樹先生表示：「當時奶油蛋糕是市場主流，但是由於當時的奶油品質不佳，前任總主廚決定要追求『極致美味』，因此使用了當時不易取得的鮮奶油製作夾層蛋糕。」

海綿蛋糕是符合日本人口味的濕潤類型，烤製時確保水分不流失，質地細緻卻不沉重，入口融化是它的魅力，因此蛋糕體中不使用糖漿。另外，特色在於組合時，直接在夾心的草莓上灑少許酒增添風味。

從初次發售開始，製作方法從未變動，廚房內老師傅已有30年以上經驗，不斷教導年輕的糕點師傅，食譜和技術代代相傳。辻井總主廚的立場是：「重要的不是不改變，而是如果有超越這種配方更好的方法，當然會做出改變。」這不僅僅是按照配方的標準製作，職人們在製作過程中，要靠感受麵糊的狀態並全心投入其中，也是非常重要的。

一天能銷售出100多個裝飾蛋糕，夾層蛋糕成爲店內的主力產品。據說有許多忠實客戶是因爲愛上了這款美味的夾層蛋糕而成爲「POIRE」的粉絲。

作爲關西地區代表性的糕點師，與其他業界代表進行交流，透過涉獵各種議題，拓寬了自己的視野。

位於以高級住宅區聞名的帝塚山，充滿優雅氛圍的空間，挑高的天花板和華麗的吊燈散發獨特魅力。除了提供各種多彩的精緻小甜點，這裡也供應午餐，深受各年齡層客人的喜愛。

爲了提供每個人都能享受的甜點 開發了低醣的夾層蛋糕

低醣蛋糕的研發

爲了迎合需要限醣的客群，「POIRE」開發了低醣的夾層蛋糕，主要在網路上進行冷凍販售。辻井總主廚表示：「常客們往往爲了送禮而購買蛋糕。交談後，我瞭解到有些人因爲需要限制醣的攝取，所以不吃蛋糕。於是我決定研發一款能夠讓限醣的客人和其他顧客都能共同享用的蛋糕，這是最初的動機。」

請教了專業的料理人和專家們的意見，因爲要在降低醣的同時保持蛋糕的美味，需要對新材料有更多的瞭解和技術。

經過多次嘗試與失敗，於2016年首次推出了低醣的多層糕點（Entremet）系列。在傳統的夾層蛋糕中，蛋糕層通常只有2層，但爲了降低醣，重新考慮了蛋糕層與鮮奶油的比例，將蛋糕改爲3層結構。爲了降低糖分，他們選擇了莓果類水果，如草莓和覆盆子。此外，使用的水果量也較一般的夾層蛋糕要少，並使用了「減糖」的草莓果醬薄薄地塗抹在蛋糕上，以增加甜酸風味。再加上優雅可愛的裝飾，這款低醣的夾層蛋糕受到了很多人的喜愛。

在滿滿季節感的多樣小甜點中，尤其引人注目的是裝飾著飽滿新鮮草莓的夾層蛋糕。除此之外，還販售可以在家製作夾層蛋糕的套組，深受好評。

草莓夾層蛋糕

584日元（含稅）

販售期間　整年

海綿蛋糕體

【材料】
21cm圓形2個

全蛋…525g(含殼)
砂糖…288g
香草油(Vanilla oil)…1.25ml
白蘭地「VSO」…7.5ml
牛奶…135g
奶油…112g
低筋麵粉…275g

【配方的特色】

◎ 為了使蛋糕體的保濕性高且濕潤,我們添加了大量的奶油和牛奶。

【作法】

把全蛋放入攪拌缸中,加入砂糖。

將攪拌缸放入熱水中,用打蛋器攪拌,將蛋液隔水加熱至約36℃左右。

POINT 加熱可以使蛋白更容易產生泡沫,有助於打入氣泡。

草莓夾層蛋糕

這是一款長年受到喜愛的經典產品,由2cm厚的切片海綿蛋糕、40%乳脂肪的鮮奶油和主角草莓簡單構成。為了保留蛋糕體的水分,海綿蛋糕烘烤後仍保持潤澤。因此,在製作過程中不需要塗抹糖漿。海綿蛋糕中添加了「VSO」白蘭地,而用來夾層的草莓則是加了櫻桃酒,以充分發揮香氣。採用的草莓通常是國產的,不特別追求品種,而是著重考慮香氣和酸度的平衡。過去使用8號尺寸分切成16塊,但現在已改為使用7號尺寸分切成12塊,尺寸上進行了更新。

放入攪拌機，高速攪打增加體積。

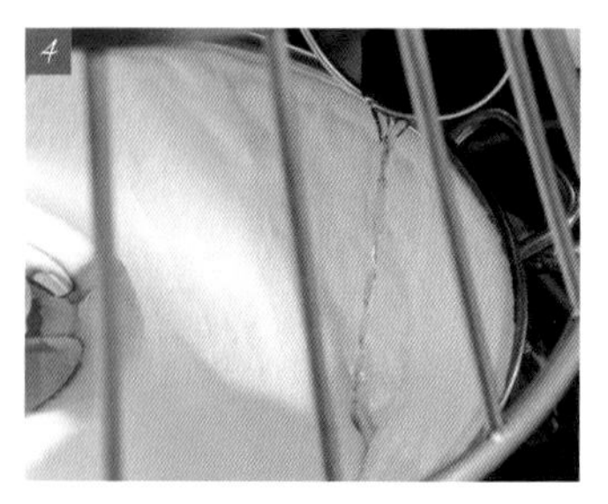

待出現光澤時，加入香草油和白蘭地（VSO），以中高速攪打。

POINT 轉換速度從高速到中高速的時機是，看蛋糊是否有紋路存在。降低攪拌速度，使蛋糊更加均勻。

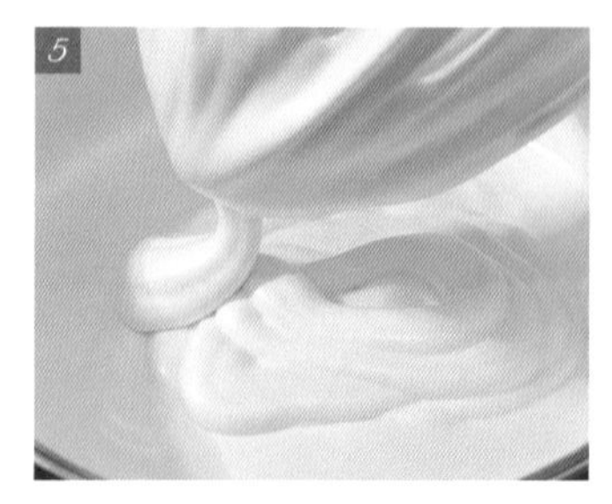

空氣進入蛋糊顏色變淺，並且產生明顯紋路的狀態時，從攪拌機取下。

把篩過的低筋麵粉分7～8次加入，用手輕輕攪拌，確保沒有結塊。

POINT 從底部橫向翻拌，混合時要確保沒有粉粒殘留。不要過度翻拌製造麵筋，否則會使蛋糕體變硬。

隔水加熱牛奶和奶油至60℃，加入混合。混拌時以手感覺奶油的溫度是否已經完全融合。

POINT 加入熱牛奶和奶油後，麵糊溫度約30℃。

把麵糊倒入底部和側邊貼有烘焙紙的模型中。側邊的烘焙紙應高5cm，確保麵糊達到7分滿。

把8的模型放在翻面放置的烤盤上，用上火175℃，下火165℃的烤箱烤約28分鐘。

POINT 確認蛋糕體中芯是否熟透的方法是，觀察表面的彈性，以及側邊的紙是否出現皺摺。

從烤爐取出，迅速的輕摔在工作檯上，使水蒸氣排出，然後脫模立即倒置，使表面平整。靜置於室溫下最少1小時。

POINT 不需使用糖漿也能夠呈現蛋糕體的濕潤度，和細緻的口感。

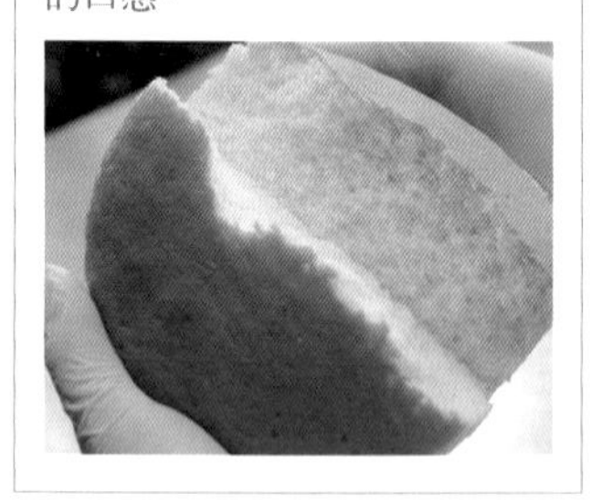

鮮奶油

【材料】 方便製作的分量

40%鮮奶油…500ml
細砂糖…25g
白蘭地「VSO」…1ml
香草精萃（Vanilla extract）…適量

【作法】

1

將鮮奶油和細砂糖倒入攪拌機的鋼盆中，使用打蛋器打至光滑泡沫狀，然後加入白蘭地和香草精萃混合均勻。

使用等分器在上面劃出切割線，然後用溫熱的刀切成12份。

切面用塑膠片包起，然後擠上打發的鮮奶油。

POINT 調整打發鮮奶油爲順滑且軟的狀態後使用。

裝飾上草莓，並用刷子在表面塗上鏡面果膠。

在打發的鮮奶油上排列5mm厚的草莓，並灑上櫻桃酒調味。然後再用抹刀均匀塗上打發的鮮奶油。

將蛋糕體覆蓋在步驟3上，在側邊和表面塗抹打發的鮮奶油。將底部溢出的打發的鮮奶油整理平整，然後放入冰箱冷藏約20 ~ 30分鐘。

POINT 確認第2塊蛋糕體蓋上後，整體高度約爲5cm。

組合

【組成部分】

Petit gâteau 12個

海綿蛋糕體…21cm圓形1個
40%鮮奶油…560g
草莓（夾層用）…110g
瑪拉斯奇諾櫻桃酒（Maraschino）…適量
草莓（裝飾用）…12顆
鏡面果膠（Nappage neutre）…適量

【作法】

將海綿蛋糕體切成2cm厚，並切掉烤上色的部分。使用2塊蛋糕體。

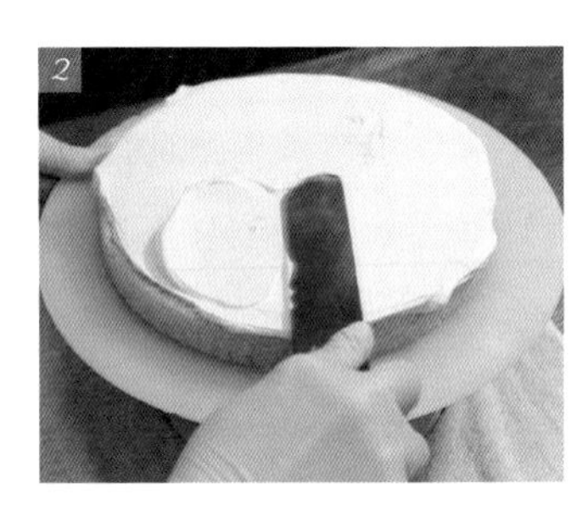

在底部的蛋糕體上用抹刀均匀塗上打發的鮮奶油。

POINT 由於蛋糕體保濕性高且濕潤，無需刷塗糖漿。

低醣蛋糕 Gâteau allégé

4968日元（含稅）

販售期間　整年 ※冷凍狀態以網路銷售。

低醣蛋糕

【材料】
15cm圓形5個

全蛋…463g
砂糖（浅田飴 Sugar Cut）…144g
難消化性麥芽糊精
（Indigestible dextrin）…144g
糕點混合粉（パティスリーミックス粉）…144g
低筋麵粉（日清 Violet）…137g
牛奶…135g
無鹽奶油…113g
香草油（Vanilla oil）…1g
白蘭地「VSO」…2g

【作法】

1

全蛋放入攪拌缸中，加入糖。

2

下墊熱水隔水加熱，用打蛋器攪拌，使溫度升至約40℃。

POINT 因爲 Sugar Cut 不易溶解，所以將蛋液的溫度設定爲40℃，這樣可以增加起泡性。

3

放入攪拌機中，以高速度迅速攪拌，增加體積。

4

當出現光澤時，加入香草油和白蘭地，以中高速攪打。當空氣打入蛋糊顏色變淺，且有紋理時，即可從攪拌機中取出。

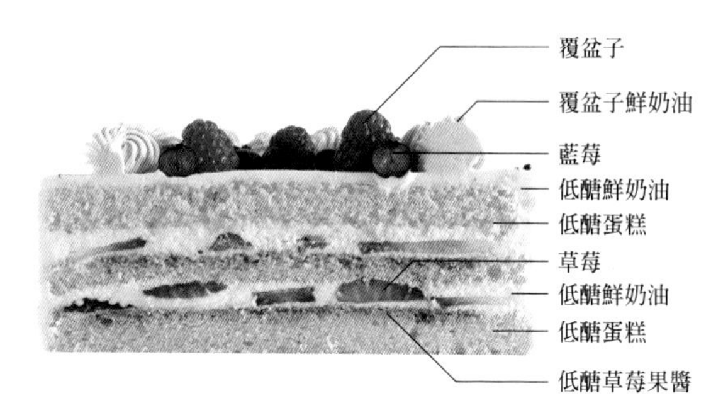

低醣蛋糕 Gâteau allégé

這是一款專爲限醣的客人所設計的甜點，每份的醣分目標爲10g以下。整個蛋糕的醣分含量爲50.62克，切成6片爲8.4g，切成8片爲6.3g。爲實現低醣，使用了糕點混合粉、Sugar Cut（シュガーカット）和低醣鮮奶油等材料。由於低醣的鮮奶油比較輕盈，容易乾燥，因此在裝飾時需要一定的技巧，避免過度塗抹。同時，使用果醬來調整水果的量和味道，以達到風味的平衡。

【配方的特色】

◎ 爲了降低醣分含量，重新審視了使用的材料。照片下方的粉類是難消化性麥芽糊精和低醣的專業糕點混合粉（パティスリーミックス粉），一起過篩。右側的是 Sugar Cut。

組合

【組成部分】
15cm圓形多層蛋糕1個

低醣蛋糕…15cm圓形1個
低醣草莓果醬…20g
低醣鮮奶油…250g
草莓（夾層用）…50g
巧克力…適量
覆盆子鮮奶油…50g
覆盆子…適量
藍莓…適量

【作法】

1 把低醣蛋糕切成1cm厚的2片和1.5cm厚的1片，切去烘烤上色的部分。

2 在1.5cm厚的蛋糕表面塗上低醣草莓果醬，用抹刀抹平。

低醣鮮奶油

【材料】方便製作的分量

20%複合鮮奶油（compound cream明治 LaFORTE）…1000g
砂糖（浅田飴 Sugar Cut）…40g

【配方的特色】

◎使用了複合鮮奶油。在打發時要小心，避免過度攪拌使其變乾。

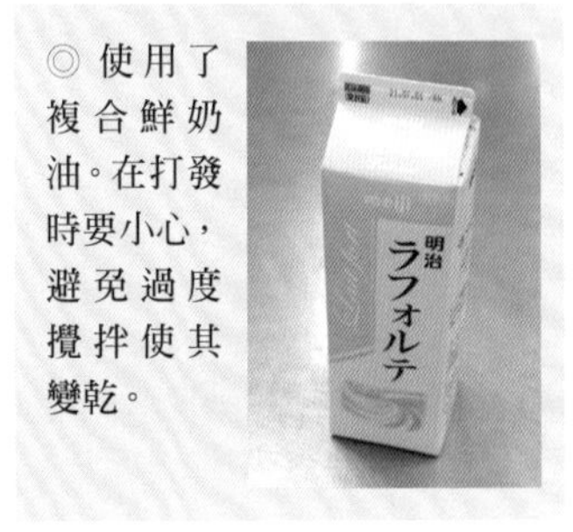

【作法】

1 在攪拌機的鋼盆中放入複合鮮奶油和 Sugar Cut，攪拌打發。

覆盆子鮮奶油

【材料】方便製作的分量

低醣鮮奶油…300g
覆盆子果泥（Le fruitier）…45g

【作法】

1 在攪拌機的鋼盆中放入低醣鮮奶油和覆盆子果泥，攪拌打發。

5 一起過篩的難消化性麥芽糊精、糕點混合粉、低筋麵粉分7～8次加入蛋糊中，用手輕輕攪拌，確保沒有結塊。

6 隔水加熱牛奶和奶油至60℃，加入混合。混拌時以手感覺奶油的溫度是否已經完全融合。

7 把麵糊倒入底部和側邊貼有烘焙紙的模型中。側邊的烘焙紙應高5.5cm，確保麵糊達到9分滿。

8 在翻面放置的烤盤上排列7，放入上火170℃、下火160℃的烤箱中烤約28分鐘。

9 從烤箱中取出後，迅速的輕摔在工作檯上，使水蒸氣排出，然後脫模立即倒置，使表面平整。靜置於室溫下最少1小時。

低醣草莓果醬

【材料】方便製作的分量

草莓果泥（CROPS）…1000g
果膠（Pectin）…10g
砂糖（浅田飴 Sugar Cut）…50g
難消化性麥芽糊精
（Indigestible dextrin）…13.3g
檸檬汁…10g

【作法】

1 將檸檬汁以外的材料放入鍋中加熱，同時用矽膠刮刀攪拌混合。待稍微散熱後，加入檸檬汁混合。

抹上低醣鮮奶油，用抹刀抹平，排列切成2.5mm厚度的草莓片。在草莓片上再塗上一層低醣鮮奶油。

放上1cm厚的低醣蛋糕，再一次重複步驟3。

用抹刀將表面和側邊抹平，用梳形刮板在側邊畫出線條。

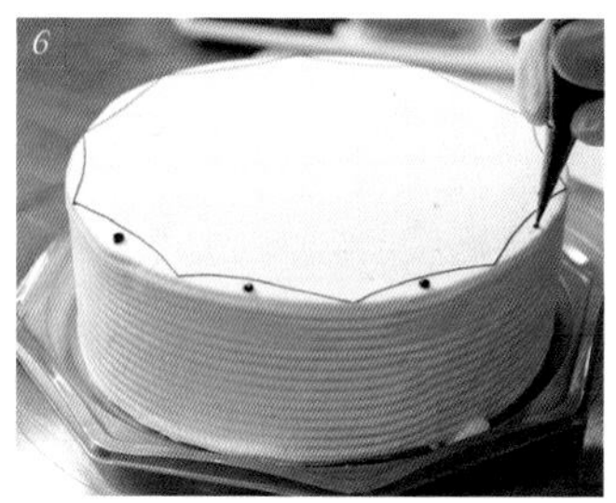

把融化的巧克力裝入擠花袋，在蛋糕表面繪製出裝飾圖案。

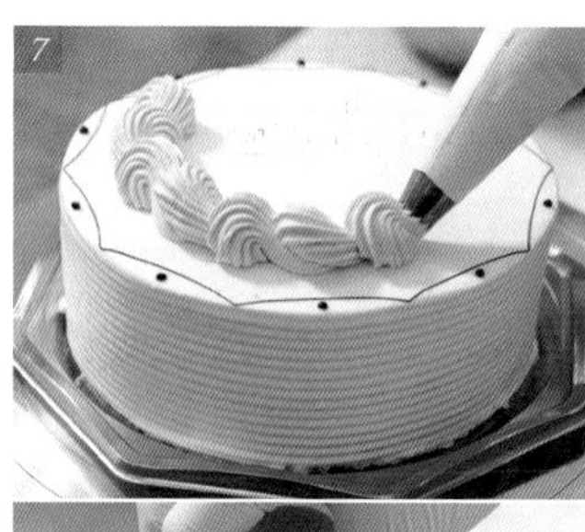

擠上裝飾用的覆盆子鮮奶油，用覆盆子和藍莓裝飾。

L'AUTOMNE

ロートンヌ

（東京・新江古田）

owner chef

神田広達

1972年出生於東京都的糕點店家庭，18歲時進入「ら・利す帆ん」學習和訓練。他的師兄包括辻口博啓先生和安食雄二先生等。爲了參加糕點比賽多次前往法國，並取得許多獎項。25歲時接手父親的糕點店，目前經營著秋津店、中野店和伊勢丹立川店。

帶出素材本身的甜味

神田主廚以其獨特的自由感性創造出像藝術品一樣精緻細緻的「Petit gâteau」（小型蛋糕），成爲受到廣泛讚譽且吸引客人不斷到訪的「L'AUTOMNE」。夾層蛋糕風格與傳統的完全不同，由海綿蛋糕（Génoise）、鮮奶油香緹、水果等簡單元素組成。神田主廚表示：「日本人喜愛的夾層蛋糕是一個非常重要的類別」，因此他希望這款甜點所有人都能享受，不希望有過於強烈的特殊風味。

他的糕點店有兩種主要的夾層蛋糕類型。一種是用基本的海綿蛋糕和鮮奶油香緹製作；另一種是巧克力口味的版本，使用巧克力海綿蛋糕和巧克力鮮奶油香緹製成。巧克力口味的海綿蛋糕在神田主廚「ら・利す帆ん」的學習時期就已經出現，並以「Gâteau Chocolat」爲名，不過神田主廚卻將它視爲夾層蛋糕來看待。

無論哪一種口味，他都希望充分發揮食材本身的甜度，因此極力避免使用多餘的糖。在製作過程中，從不在蛋糕體上刷塗糖漿。他解釋，刷塗糖漿會使糖的甜度過於明顯，想在蛋糕體上下功夫，對海綿蛋糕的配方進行調整，添加蜂蜜，以獲得柔軟濕潤的口感。

蛋糕的組合方式是先在底部鋪上水果，然後在頂部塗上鮮奶油香緹。讓人先品嚐到鮮奶

神田主廚表示，他經常從自己喜愛的事物中獲得靈感和啟發，並將其應用於製作糕點。他是搖滾樂團「LOUDNESS」的狂熱粉絲，曾經也立志成爲一名吉他手。現在仍和糕點師朋友們組成樂團，參加糕點師的搖滾之夜。

中野店位於東京新江古田站附近，佔地約70坪，空間寬敞。挑高的天花板上懸掛著華麗的吊燈，店內商品擺放整齊，提供舒適的選購環境，迎接顧客。

以鮮豔多彩的塗層 爲草莓夾層蛋糕帶來創新的形象

油香緹和蛋糕體帶來的柔軟和甜美，接著品嚐到水果的甜酸。水果的選擇包括全年供應的草莓，還有季節性的水蜜桃、葡萄等。對於巧克力口味的蛋糕，他選用具有甜度斑點的香蕉，以實現蛋糕體和鮮奶油香緹融合在一起的美味。

搭配上醬汁 新風格的夾層蛋糕

「Rosso Rubino」是爲經典的草莓夾層蛋糕增加一個步驟，而誕生的受歡迎商品，不僅是多層蛋糕，小型蛋糕也廣受歡迎。最初是由店員提出的一個簡單點子，爲了增加蛋糕的種類而採用了「在夾層蛋糕上塗醬汁」的試驗，並經過多次試做才完成了現在的形式。

醬汁的基底是與草莓的紅色相搭配，具有美麗的顏色和酸味，作爲點綴的覆盆子果醬。由於純粹的覆盆子果醬會流散，所以結合了不加熱的鏡面果膠（nappage），使其更容易塗抹在鮮奶油香緹的表面，並更有效率。在用抹刀平滑地塗抹時，不會遮掩鮮奶油香緹的白色，可以根據整體平衡來進行調整。這樣一來，「Rosso Rubino」成功地重現夾層蛋糕的印象，並成爲夾層蛋糕的新風格。

而店內的小型蛋糕（Petit gâteau）通常展示著22～25種不同口味。其中1/3的糕點是季節性限定，會不定期更換。

櫃台陳列著受歡迎的「Rosso Rubino」，以及經典的草莓夾層蛋糕等共4種多層蛋糕。

Rosso Rubino

486日元（含稅）
販售期間　整年

將蛋糊移到攪拌機的鋼盆內，以中速攪打約20分鐘。

POINT 攪拌的速度要均一，並控制時間。比起中途改變速度，用中速開始攪拌，氣泡會更穩定。

在攪拌接近結束時，加入預先溫熱至42℃的蜂蜜，繼續攪拌使其均勻融入蛋糊中。

POINT 為了防止氣泡被擠壞，蜂蜜必須先加熱至42℃後再加入。

繼續攪拌直到蛋糊表面出現紋路，將蛋糊的鋼盆從攪拌機中取出。

將過篩的低筋麵粉逐次加入，一邊轉動鋼盆，一邊從底部往上翻動，混合均勻。

POINT 鋼盆內側的麵粉也是材料的一部分，一定要充分混合。

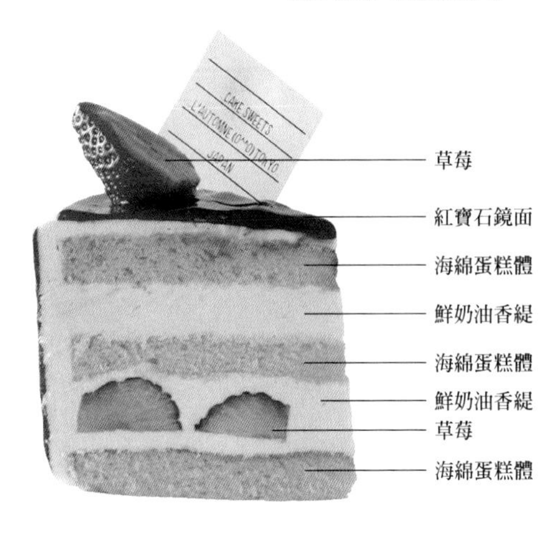

Rosso Rubino

「Rosso Rubino」是代表『L'AUTOMNE』的一款精緻多層蛋糕，也是招牌夾層蛋糕。基本上是由海綿蛋糕、香濃的鮮奶油香緹和新鮮草莓，組成傳統風格的夾層蛋糕（shortcake），再以色彩繽紛的「紅寶石鏡面」進行裝飾。紅寶石鏡面是由色彩美麗的覆盆子果醬作為基底，並調節了酸甜度的果醬和鏡面果膠混合而成，使其具有適合塗抹的黏稠度。添加覆盆子糖漿進一步凸顯香氣。為了保留蛋和麵粉的甜味，這款夾層蛋糕盡量少糖，也不刷塗糖漿在蛋糕體上。鮮奶油香緹也保持清爽輕盈的口感，並以覆盆子的甜酸和香氣作為點綴，營造出這種溫柔的甜味。

【作法】

1

將蛋打入鋼盆中，加入砂糖，用打蛋器充分攪拌後隔水加熱。

在攪拌的過程中，將溫度加熱至38℃，使砂糖充分溶解。

海綿蛋糕體

【材料】

15cm圓形3個

全蛋（那須御養卵）…250g
細砂糖…145g
蜂蜜…30g
低筋麵粉（日清 Super Violet）…136g
牛奶…20g
無鹽奶油…30g

【配方的特色】

◎ 由於希望充分發揮原材料的甜味，因此組合時蛋糕體不刷塗糖漿。為了增加濕潤感，添加了蜂蜜。

【作法】

1

在攪拌碗中加入覆盆子果醬、鏡面果膠和濃縮覆盆子糖漿混合均勻。

POINT 添加濃縮覆盆子糖漿能增添豐富的口感和明亮的紅色。

※1 覆盆子果醬的製作

【材料】 方便製作的分量

覆盆子果泥…1000克
水飴… 200克
細砂糖…200克
海藻糖（Trehalose）…50克
果膠（pectin）…16克
檸檬汁…40克

【作法】

1. 把覆盆子果泥煮沸，加入水飴、細砂糖、海藻糖和果膠，充分攪拌至溶解。

POINT 請務必充分攪拌，否則果膠會結塊，影響口感，需要特別注意。

2. 熄火後加入檸檬汁攪拌，放在深盤容器中冷卻，然後放入保存容器，冷藏儲存。

鮮奶油香緹

【材料】 方便製作的分量

40%鮮奶油（タカナシ乳業「北の王国」）…1000ml
42%複合鮮奶油（compound cream タカナシ乳業 Gâteau Lisse）…500ml
細砂糖…110g
香草精萃（vanilla essence）…2.5g

【配方的特色】

◎ 爲了凸顯甜味的清爽和保持順滑的口感，特別調配混合鮮奶油的配方。

◎ 我們著重整體平衡，並將甜味設定爲適中，以保持各個部分之間的和諧。

【作法】

1

將鮮奶油、複合奶油、細砂糖和香草精萃放入攪拌碗中，用中速攪拌打發成7分發的狀態。

紅寶石鏡面

【材料】 方便製作的分量

覆盆子果醬 ※1…300g
不需加熱的鏡面果膠（Nappage neutre）…200g
濃縮覆盆子糖漿（Gourmandise framboises）…24g

7

將牛奶和奶油混合加熱融化，加入步驟6的麵糊中，再次攪拌均勻。

POINT 由於奶油會下沉，要用矽膠刮刀在鋼盆底和麵糊之間混合均勻。

8

將麵糊倒入底部和側面貼上烘焙紙的烤盤中，輕輕拍打烤盤，排除多餘的空氣。

9

放入165℃的烤箱，烘焙20～25分鐘。

10

烘焙完成後，輕敲烤盤底部，讓蒸氣釋放，防止蛋糕凹陷。

11

將蛋糕從烤盤中脫模，稍稍冷卻。放入冰箱中靜置1天後即可使用。

6

在側面塗上先前打發至堅挺的鮮奶油香緹作爲底層，然後使用較軟的鮮奶油香緹將表面均勻塗抹，使表面變得光滑。

7

冷藏使其冷卻後，使用抹刀在表面和側面塗上紅寶石鏡面。

POINT 紅寶石鏡面不需全面塗抹，保留鮮奶油香緹的白色，漂亮得塗抹外觀。

8

再次冷藏後，用刀切成8份。將草莓的蒂去除，放上切半的草莓，並在草莓表面刷上鏡面果膠。

3

把草莓切半，切面向下，從外圍向內側排列，呈放射狀排列。

POINT 在中央放置草莓會影響分切，因此不要放在中央位置。

4

在草莓上添加鮮奶油香緹，均勻地塗抹。

5

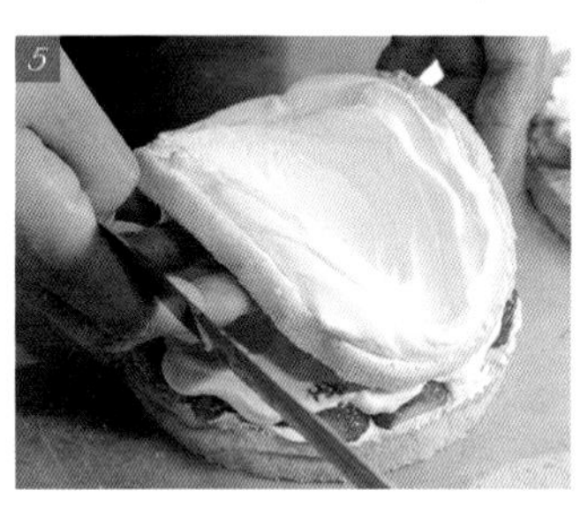

在第3片蛋糕的表面塗抹鮮奶油香緹，將其放在步驟4的夾層上，然後再加上剩餘中間層的蛋糕。

POINT 分切後的海綿蛋糕中間部分比較軟，因此要先用上層的避免壓扁。

組合

【組成部分】

Petit gâteau 8個

- 海綿蛋糕…15cm圓形1個
- 鮮奶油香緹…400克
- 草莓（夾層用）…約130克
- 草莓（裝飾用）…4顆
- 紅寶石鏡面…40克
- 鏡面果膠（Nappage neutre）…適量

【作法】

1

將15cm海綿蛋糕橫切成厚約1.5cm的3片，將烤上色的部分切掉。

2

在第1片底部的蛋糕上，添加已經打發至堅挺的鮮奶油香緹，並用抹刀均勻塗抹。

POINT 鮮奶油香緹需在鋼盆中調整打發的堅挺度，用於夾心的和表層的分別打發。

Shine Muscat

648日元(含稅)

販售期間　8月～9月

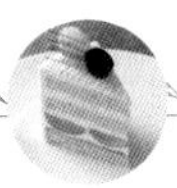

把晴王麝香葡萄切成縱向的半片，切面朝上，從外到內成放射狀排列，將晴王麝香葡萄鋪在上面，平均地塗抹鮮奶油香緹。

在另一片海綿蛋糕上塗抹鮮奶油香緹再放在步驟3的上面，然後再放上最後一片海綿蛋糕。

POINT 步驟1切好的海綿蛋糕，分別從底部、上層和中間的順序疊起，以防止中間層的蛋糕體被上方的重量壓扁。

在側面塗抹硬挺的鮮奶油香緹，然後在表面上塗柔軟的鮮奶油香緹，用抹刀從頂面抹到側面，使表面不整。

6

冷藏冷卻後，用刀將蛋糕分切成8塊，用切半的晴王麝香葡萄和巨峰葡萄裝飾，並在葡萄的表面塗上鏡面果膠。

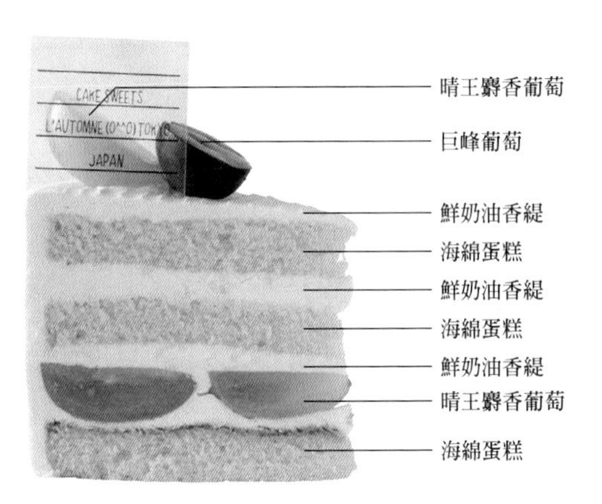

Shine Muscat

以「Rosso Rubino」的基本成分，包括海綿蛋糕和鮮奶油香緹爲基礎，並搭配不同季節的水果，創造了多樣豐富的水果夾層蛋糕。我們希望讓您品嚐到最美味的，因此精心挑選了各季節中最佳狀態的水果，例如草莓、晴王麝香葡萄、巨峰葡萄、水蜜桃、芒果等，並根據季節來使用。然而，這並不僅僅因爲當季，我們更追求它們最棒的香氣和風味。 除了水果，也充分利用了雞蛋、麵粉等材料本身所帶來的甜味，盡可能地讓整個夾層蛋糕的甜味來自於材料本身的特性。在我們取名爲「Shine Muscat」的這款夾層蛋糕中，使用了晴王麝香葡萄來夾層，並在頂部裝飾了巨峰和晴王麝香2個品種，讓您能夠品嚐到2種不同的風味。

組合

【組成部分】

Petit gâteau 8個

海綿蛋糕（參考 P115「Rosso Rubino」）…15cm圓形1個
鮮奶油香緹（參考 P116「Rosso Rubino」）…380g
晴王麝香葡萄（夾層用）…120g
晴王麝香葡萄（裝飾用）…4個
巨峰葡萄（裝飾用）…4個
鏡面果膠（Nappage neutre）…適量

【作法】

1

海綿蛋糕橫切成厚約1.5cm的3片，將烤上色的部分切掉。

2

與「Rosso Rubino」相同，將打發好的鮮奶油香緹均勻地塗在底部的海綿蛋糕上，用抹刀抹平。

Gâteau Chocolat

486日元（含稅）

販售期間　整年

巧克力鮮奶油香緹

【材料】方便製作的分量

40%鮮奶油（タカナシ乳業「北の王国」）…750ml
42%複合鮮奶油（compound cream タカナシ乳業 Gâteau Lisse）…750ml
巧克力糖漿（Chocolate syrup）※1（次頁）…500g

【配方的特色】

◎ 爲了讓巧克力糖漿加入後仍能保持輕盈感，調整了配方。

【作法】

1
把鮮奶油和複合鮮奶油混合，以攪拌機打發。

2

將巧克力糖漿加入1中，用打蛋器混合。

POINT 用於夾層和表面的2種鮮奶油香緹，需要分別調整硬度和柔軟度。

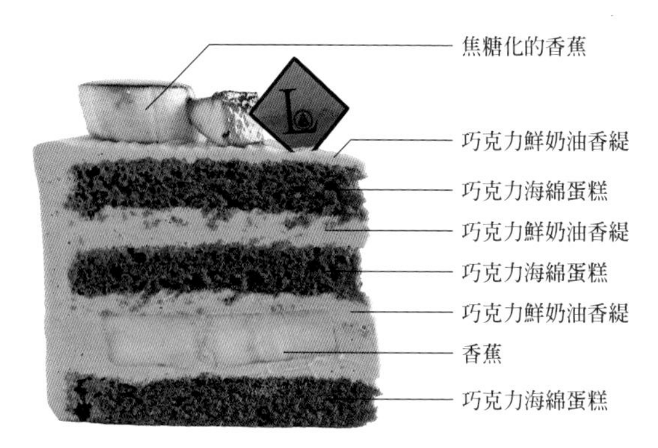

Gâteau Chocolat

巧克力蛋糕是巧克力口味的夾層蛋糕。通常使用成熟的香蕉製作，因爲香蕉的甜度最適合，但也可以根據客人的喜好和需求，用草莓、奇異果等其他水果來製作。由於可可粉中含有油脂，容易使氣泡消失，因此打發蛋糊必須充分進行，並且在混入粉料到放入烤箱之前，所有步驟盡量迅速。過度打發會使蛋糊變得粗糙，因此需要設定中速20分鐘的時間，確保成品的質地均匀。在巧克力蛋糕的鮮奶油香緹內加入巧克力糖漿，先將糖漿加熱，使可可塊（cocoa mass）溶解，然後使用手持式攪拌機將顆粒打得更細，使鮮奶油香緹的口感更爲順滑。

巧克力海綿蛋糕

【材料】
15cm圓形3個

全蛋（那須御養卵）…250g
細砂糖…145g
蜂蜜…30g
低筋麵粉（日清 Super Violet）…116g
可可粉…20g
無鹽奶油…20g
牛奶…30g

【作法】

參考P115「Rosso Rubino」，在步驟⑥混合粉料時，逐漸加入「混合過篩的低筋麵粉和可可粉」。

POINT 因爲可可粉中含有油脂，容易使氣泡散失，所以需要迅速混合。在攪拌的過程中，比普通的蛋糕體麵糊更需要充分打發，這一點也是很重要的。

在香蕉上覆蓋巧克力鮮奶油香緹，均勻塗抹。

把頂層的海綿蛋糕鋪上巧克力鮮奶油香緹，疊在4上，再放上剩下的中間層蛋糕體。

把先前打發成堅硬狀態的巧克力鮮奶油香緹從側面塗抹，然後表面鋪上較軟的巧克力鮮奶油香緹，均勻塗抹並使表面光滑。

POINT 若要製作數量較多的蛋糕，也可以把巧克力鮮奶油香緹放入擠花袋中，擠出後再均勻塗抹。

7

放入冰箱冷藏定型，取出切成8片，再加上焦糖化的香蕉作裝飾。

組合

【組成部分】

Petit gâteau 8個

巧克力海綿蛋糕
…直徑15cm蛋糕1個
巧克力鮮奶油香緹…400g
香蕉（夾層用）…150g
香蕉（裝飾用，焦糖化）…適量

【作法】

1

把海綿蛋糕橫切成厚約1.5 cm共3片，用刀子切去烤上色的部分。

2

將1的底層蛋糕體，鋪上打發成堅硬狀態的巧克力鮮奶油香緹，用抹刀均勻抹平。

使用帶有糖斑的成熟香蕉。切成厚約1.5 cm的片，排放在2上。

POINT 選擇最佳狀態的成熟香蕉，其香氣和甜度是美味的關鍵。

※1 巧克力糖漿
【材料】方便製作的分量
細砂糖…680g
水…560g
可可塊（Valrhona cocoa mass）…250g
【作法】

1. 細砂糖和水放入鍋中，煮至沸騰。

2. 加入可可塊，等到可可塊融化後，用手持攪拌器攪打至光滑。

POINT 使用手持攪拌器進行均質化的攪打，以去除多餘的空氣，使糖漿更加細緻。

3. 待冷，存放在冰箱中。冷卻後，糖漿會變得濃稠。

Baking notes

W.Boléro

ドゥブルベ・ボレロ

（滋賀・守山）

Owner chef

渡邊雄二

渡邊主廚出生於1965年，於1989年加入位於鎌倉的知名店鋪「LESANGES」，並拜三輪寿人男先生爲師。於2004年獨立創業，開設自己的店鋪。近年來，他在巧克力的評比中連續三年獲得最高榮譽「C.C.C.」，成爲全球頂尖的巧克力師，備受矚目。

將經典的法式甜點注入現代的靈感

2004年創業，位於日本滋賀縣守山市的名店『W.Boléro』，以正統的法式甜點聞名。店主兼主廚渡邊雄二先生曾在鎌倉的名店『LESANGES』受到三輪寿人男先生的指導，之後開設了自己的店鋪。隨後，每年他都前往法國並與當地和歐洲的糕點師們交流，學習當地文化，將現代元素融入傳統法式糕點技法，創作出一系列現代風格的糕點。

渡邊主廚表示：「法式糕點過去多半作爲餐後的甜點，因此需要考慮與食物的平衡、甜度和帶有酒精的風味是必要的。我們在店內非常重視這一點，大多數產品中加入洋酒，以增強風味，創造出成熟且帶有深度的味道，打造成爲適合成年人的甜點。」可見，這一理念也貫穿在他們的招牌甜點「夾層蛋糕」中。

W.Boléro風格的夾層蛋糕使用了Wiener Masse（海綿蛋糕體）

「Fraise」是在冬季到春季供應的甜點，是店裡少數採用海綿蛋糕和鮮奶油組合的糕點之一。原本法式糕點中並沒有草莓夾層蛋糕，但渡邊主廚以法式糕點技法爲基礎，並融入維也納糕點元素，創造了獨特的海綿蛋糕，稱之爲「W.Boléro風格的夾層蛋糕」。

渡邊主廚每年都前往法國，與當地的糕點師交流。作爲創意靈感的來源，他在視察當地時獲得許多信息，並受到Instagram上法國人氣店鋪的啟發，持續關注全球的動向。

店內散發著南法別墅的氛圍，提供多種精緻的商品，包括糕點、烘焙點心、巧克力、可頌等等。此外，爲了讓顧客在最佳狀態下品嚐新鮮出爐的蛋糕，也設有茶沙龍 Salon de the供顧客內用。

透過濃郁的蛋糕體和洋酒的運用 表現出專爲成人而設計的甜點

「好吃的法式糕點著重如何展現水果的風味。因此，製作蛋糕體的方法也非常重要。用於糖漿的酒精通常會搭配與水果相同的利口酒，這樣可以讓味道和風味統一，並增加層次。另外，使用高度酒精的白蘭地可以讓乳製品的甜味更加突出，反而增添清爽的甜味。」

爲了使蛋糕適合成人的口味，適量地加入酒精是前提，因此使用了名爲「Wiener masse」維也納式細緻的海綿蛋糕。這種海綿蛋糕比一般的蛋糕組織更緊密，可以讓草莓和覆盆子白蘭地糖漿充分滲透其中。

同時，選用風味濃郁的草莓，並用充足的糖漿浸泡，進一步提高風味，再與高脂肪的鮮奶油香緹結合。透過精心處理每個元素，實現三位一體的美味。

「儘管草莓夾層蛋糕的結構簡單，但要表現出一體感實際上非常困難。因此，需要考慮如何提取味道和組合的同時，不吝惜花費工夫製作，才能呈現出我所追求的理想味道。」

「W.Boléro」的海綿蛋糕充滿著對法式糕點的熱愛和自豪感，呈現出絕妙的平衡。

常備糕點16款。其中包括4層的乳酪蛋糕「Eierschecke」、濃郁杏桃果醬點綴的「Sachertorte」，除了傳統的法式糕點外，還有充滿獨特創意的產品。

Fraise

562日元（含稅）

販售期間　12月上旬～4月末

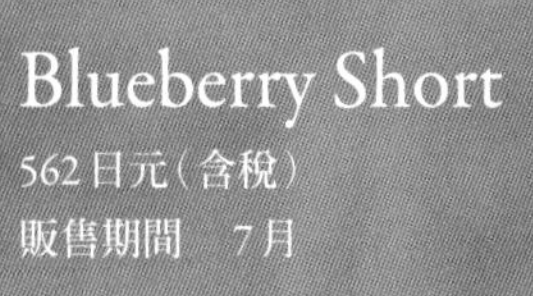

Blueberry Short

562日元(含稅)

販售期間　7月

海綿蛋糕
Wiener masse

【材料】
直徑15cm圓形24個

全蛋…1916g
蛋黃…1116g
海藻糖（Trehalose，總量的6%目標是1/2的甜度）…440g
細砂糖…1688g
檸檬皮碎（冷凍）…8g
低筋麵粉（近畿製粉「いざなみ」）…1272g
發酵奶油…636g

【配方的特色】

◎ 配方中加入了大量的奶油和蛋黃，製成沉甸甸且有嚼勁的蛋糕體。
◎ 夾層蛋糕所使用的小麥粉為「いざなみ」（品種來自北海道的キタホナミ）。其濃郁的風味接近歐洲小麥的口感。雖然キタホナミ本來屬於中筋麵粉的分類，但為了尋找更接近低筋麵粉的成分而被採用。

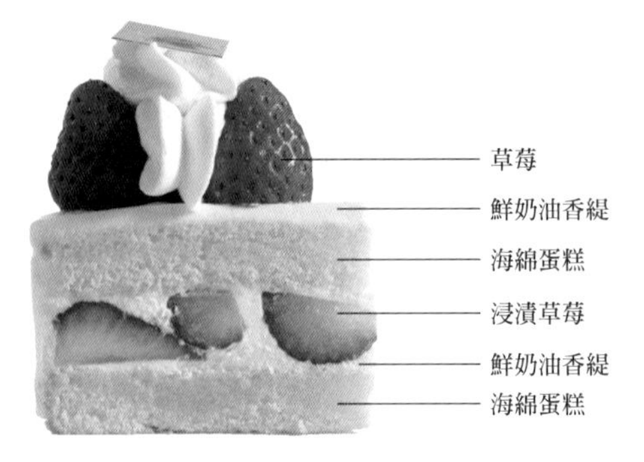

Fraise

店裡使用海綿蛋糕麵糊＋鮮奶油組合的蛋糕體相當罕見，而唯一每年供應的就是這款草莓夾層蛋糕。以蛋黃和奶油為主要成分，風味豐富的維也納風格海綿蛋糕「Wiener masse」浸泡在水果白蘭地糖漿中，散發出豐富的香氣和深度風味。此外，再加上〝さちのか〞〝あまおう〞等高糖度品種草莓的甜酸滋味，和濃郁的鮮奶油香緹，3者相互融合，讓口中的味覺得到三重享受，並且融合了白蘭地的香氣，餘韻縈繞。這絕對是專為成人而設計的夾層蛋糕。

Blueberry Short

藍莓季限定提供的夾層蛋糕，與「Fraise」一樣，同樣使用「Wiener masse」作為蛋糕體。一般來說，藍莓常使用酸味較少的"Rabbiteye"品種，但是「W.Boléro」選擇使用更適合法式糕點，帶有葡萄般酸味且風味濃郁的" Highbush "品種。大顆的藍莓不分切，慷慨地用了約140克夾在蛋糕中間，以凸顯其清新的水果風味。蛋糕體也淋上了白蘭地糖漿，使風味更加突出，成為一道令人印象深刻的美味。

【作法】

在攪拌碗中加入全蛋和蛋黃，用打蛋器攪拌均勻後，加入海藻糖繼續混合。

另取一個碗，加入細砂糖和檸檬皮，用打蛋器充分混合。

POINT 檸檬皮不直接添加到蛋糊中，而是與細砂糖混合，這樣檸檬的風味和香氣會傳遞到糖中，讓蛋糊充滿檸檬的風味。

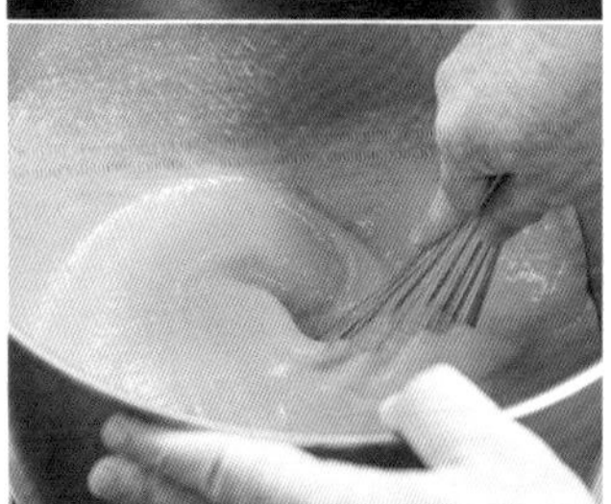

將2加入1中，在溫度約37℃的狀態下，攪拌均勻，使砂糖溶解，然後自然冷卻30分鐘以上。

將3放入攪拌器鋼盆中，以中速打發約5分鐘直到出現5分發。

POINT 確保空氣充分混入，看到蛋糊顏色逐漸變淺。店裡使用可以調整擺動角度的攪拌機。

當出現5分發時，改以小幅度攪拌，形成細小的泡沫。

POINT 當看到較粗的泡沫浮在表面時，降低速度並慢慢攪拌，將大泡沫去除。反覆進行此步驟，使蛋糊充滿細緻的泡沫。

當達到5.5分發時，停止攪拌。

POINT 5.5分發意味著蛋糊具有所需的厚度和彈性，需注意時間以避免蛋糊過度膨脹，在烘焙時容易塌陷。因此5.5分發的蛋糊是重要的目標。

將低筋麵粉過篩後加入6，用手慢慢混合，確保無結塊。

POINT 由於蛋糊較稀，粉會更容易形成結塊並沉澱在底部，因此應慢慢添加麵粉，同時過篩。

將煮沸後融化的奶油一口氣加入7中，快速攪拌均勻。

將8倒入底部和側面舖有烘焙紙的模具中，目標是每個模具約220g的麵糊。

放入已預熱至上火200℃、下火150℃的烤箱，以上火170℃、下火150℃烘焙30～32分鐘。

POINT 設定以較低的溫度，中火持續加熱。

麵糊稍微收縮即爲烤好的特徵。從烤箱取出，將蛋糕體脫模，撕掉烘焙紙。

烤好後立即剝去表層烤上色的外皮，用保鮮膜包裹，快速冷藏儲存。

POINT 外皮在放置一段時間後會難以剝去。烤好後的蛋糕體高度約爲3.5cm。

鮮奶油香緹

【材料】 方便製作的分量

47%鮮奶油（明治「Fresh cream 醇47」）…500ml
液狀鮮奶油（中沢乳業「Nice Whip V」）…500ml
果糖…5%
海藻糖（Trehalose）…4%

【配方的特色】

◎ 透過混合2種高脂肪的鮮奶油，使鮮奶油香緹變得深厚而味道豐富。此外，果糖只需使用細砂糖的2/3量，它能提供甜味，而且即使冷藏後也容易保持甜味。由於味道類似水果，因此在水果類蛋糕中使用不會感覺不和諧。而海藻糖是爲了保持鮮奶油香緹在時間推移後的狀態而使用。

【作法】

在一個碗中混合2種鮮奶油，加入海藻糖，然後放入冰箱一段時間。

POINT 海藻糖不易溶解，所以早點將其與鮮奶油混合。

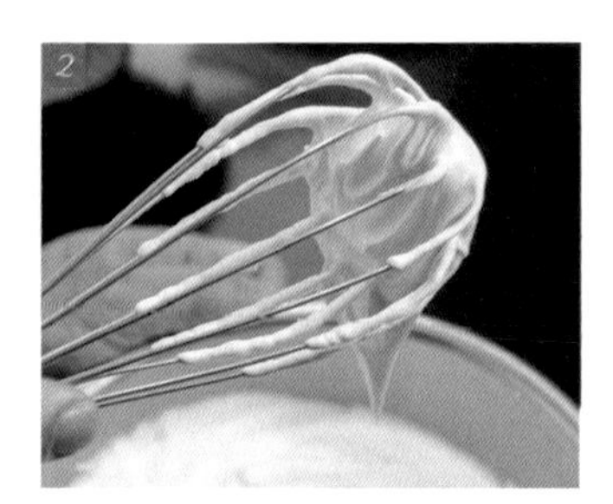

將1倒入攪拌機的鋼盆中，加入果糖，以中速攪拌至6分打發狀態。

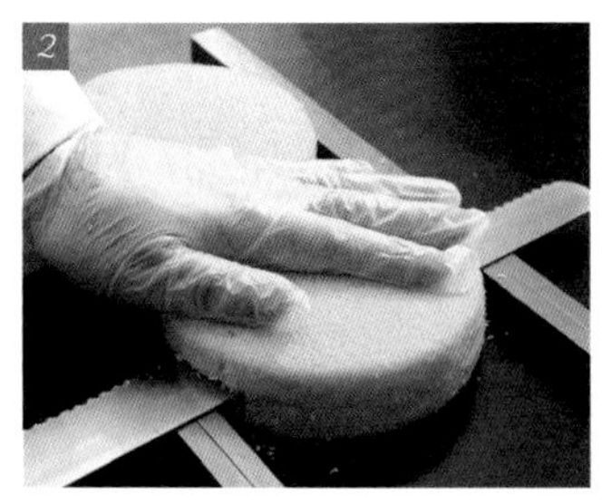

把蛋糕體橫切成2片（每片厚度約1.5cm）。

在底層的蛋糕體上使用毛刷塗上酒糖液（刷塗2次）。

POINT 使用約50ml的酒糖液，確保2片蛋糕體都均勻地浸透。這樣蛋糕體就能充分吸收酒糖液，達到理想的柔軟口感。

「Fraise」組合

【組成部分】
Petit gâteau 7個

海綿蛋糕…15cm圓形1個
酒糖液…100ml
鮮奶油香緹…300g
草莓（夾層用）…11個（M尺寸）
白蘭地（Wolfberger「Alsace Fraise〈Eau de vie〉」）…少許
果糖…適量
草莓（裝飾用）…2個（M尺寸）

【作法】

去掉草莓的蒂，縱向切成兩半，排在在托盤上，灑白蘭地，然後撒上果糖。放置約1小時，草莓會釋出水分，再用廚房紙輕輕按壓草莓。

POINT 利用滲透壓的作用，使甜味和風味滲入草莓，使草莓美味更加濃縮。對於甜味不夠的草莓，這一個步驟特別有效。

酒糖液 Imbibage

【Fraise】用
【材料】 使用量

白蘭地（Wolfberger「Alsace Fraise〈Eau de vie〉」）…20克
白蘭地（G.E. Massenez Eau de vie Framboise）…20克
果糖糖漿…40克
礦泉水…20克

【Blueberry short】用
【材料】 使用量

白蘭地（Wolfberger「Alsace Blueberry〈Eau de vie〉」）…40克
果糖糖漿…40克
礦泉水…20克

添加風味的蒸餾酒會根據使用的水果而有所不同。右側2瓶是用於草莓，左側的是用於藍莓。

【作法】

1

將果糖糖漿和礦泉水倒入鍋中加熱，一旦煮沸，即可離火，等稍微冷卻後，加入白蘭地，然後放入冰箱冷藏。

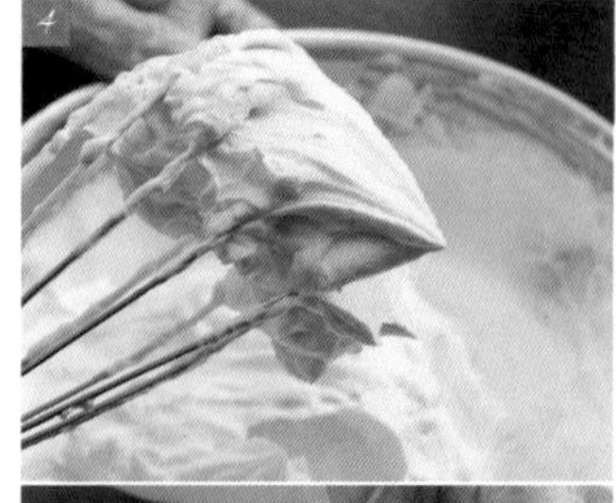

使用8～9分打發的鮮奶油香緹，用抹刀均勻地塗抹在底部的蛋糕體上，然後將切面朝下步驟1的草莓排列在上面。塗抹鮮奶油香緹，填滿間隙，然後將切面朝上的草莓再次排列在上方，再塗抹一層鮮奶油香緹覆蓋，填滿間隙。

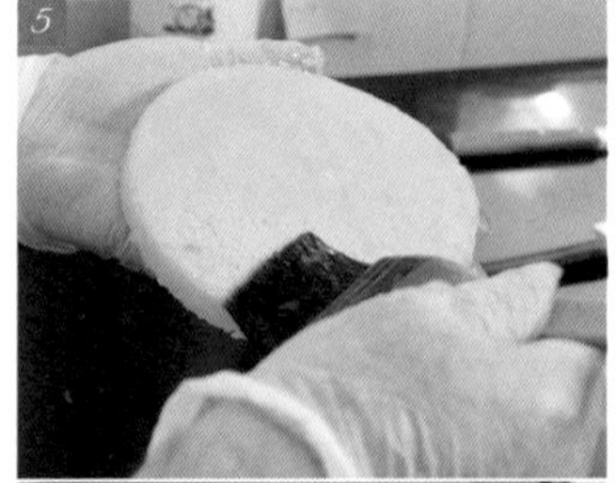

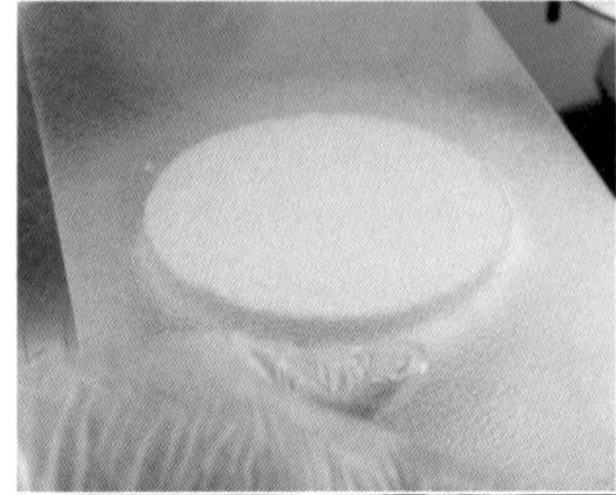

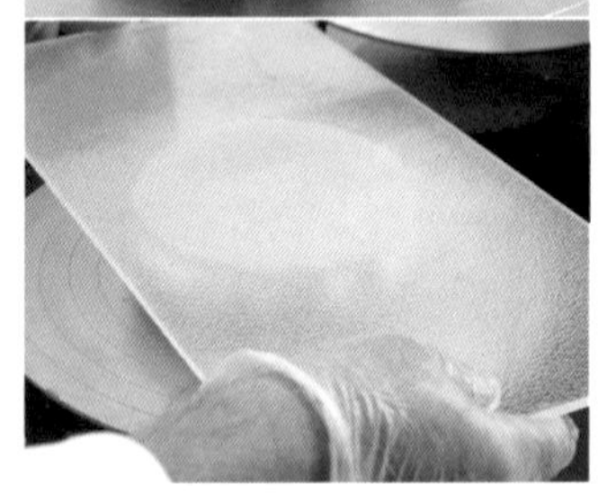

在剩餘的蛋糕體一面塗抹酒糖液，將塗抹的一面朝下重疊在步驟4上，稍微輕輕壓平整後，在蛋糕體的表面塗抹一層酒糖液，再次用力壓平整。

POINT 壓整蛋糕體不僅是爲了表面平整，還有助於酒糖液充分滲入。

整理凸出於蛋糕體的草莓，用鮮奶油香緹將表面和側面塗抹得美觀整齊。

放入冰箱冷藏1小時左右使其凝固後，在圓心處標記，分切成7份。

擺放裝飾用的草莓，用裝有鮮奶油香緹的擠花袋（使用星形花嘴），形成緞帶狀裝飾。

多層蛋糕的製作方式也一樣。完成後，在整個蛋糕上放草莓，撒上冷凍乾燥的覆盆子或食用花瓣。

「Blueberry Short」組合

【組成部分】

Petit gâteau 7個

海綿蛋糕…15cm圓形1個
酒糖液…100ml
鮮奶油香緹…300g
藍莓（夾層用）…約140～150g
藍莓（裝飾用）…約20g
糖粉…適量

【作法】

1

把蛋糕體橫切成2片（每片厚度約1.5cm）。

2

在底層的蛋糕體上使用刷子塗上酒糖液（刷塗2次）。

將8～9分打發的鮮奶油香緹用抹刀塗抹在蛋糕體上，將整顆藍莓排列在上面，抹上鮮奶油香緹填補空隙。再一次疊上整顆藍莓，抹上鮮奶油香緹填補空隙。用於夾層的藍莓約使用140～150克。

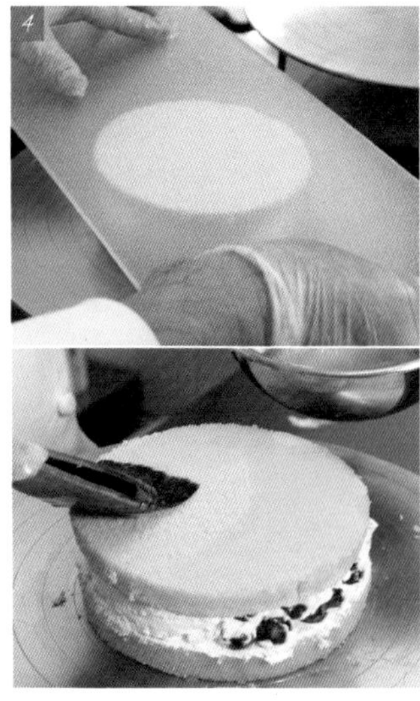

將剩餘蛋糕體的一面塗抹酒糖液，與步驟3重疊，輕輕按壓後，將蛋糕體的表面刷塗酒糖液，再次用力按壓平整。

5

將外露於蛋糕體的藍莓輕輕壓入並整理，用鮮奶油香緹塗抹蛋糕的表面和側面，使其美觀平整。

6

放入冰箱冷藏1小時左右使其凝固，在圓心標記，將蛋糕分切成7份。

使用裝有鮮奶油香緹的擠花袋（圓形花嘴）擠在表面，放上藍莓進行裝飾，篩上糖粉即完成。

Pâtisserie de bon cœur

パティスリィ ドゥ・ボン・クーフゥ

（東京・武藏小山）

Chef Pâtissière／Director

武 幸子

於『エコール・キュリネール国立』（現名『エコール 辻 東京』Ecole Tsuji Tokyo）的法國校學習，1999年畢業。在東京的洋菓子店、餐廳、咖啡館等地工作，於2011年12月加入東京武藏小山的『Pâtisserie de bon Cœur』。除了擔任糕點師的職位外，還兼任咖啡館運營學校的講師。於2015年7月晉升爲糕點主廚。

自2015年晉升爲糕點主廚以來，每年都製作一本創意筆記，今年已是第8本。

不受任何束縛、自由創作的一款獨特蛋糕

在東京・武藏小山的『Pâtisserie de bon Cœur』，第二代主廚武幸子小姐。該店從開業之初就秉持著「特別的日子爲重要的人準備的蛋糕」的概念。除此之外，前任主廚岩柳麻子女士交付給她的指示是「自由自在地做，只要好吃就行」，這使得她在製作蛋糕時能自由展現個人風格。

對於製作夾層蛋糕（shortcake），沒有受到「夾層蛋糕應該要是什麼樣子」的限制，而是以「製作者根據自己對夾層蛋糕的想像來製作，那就是夾層蛋糕」的概念。定義爲「只要一出現，就能吸引衆人目光，讓周圍瞬間煥然一新的存在，這就是我的夾層蛋糕」，在這個理念下，她提供華麗且令人印象深刻的種類。

店內提供的「季節的夾層蛋糕」，使用新鮮的當季水果，如水蜜桃和葡萄等。這種夾層蛋糕的特點，是在夾心部分使用了草莓的果醬和馬斯卡彭乳酪（mascarpone）的鮮奶油香緹。

除了常規商品外，每年有2次推出限量販售的新品「Collection」，這裡介紹的「Diamondliliy」是2020年秋冬系列的其中一款。這款蛋糕以白色華麗的花朵爲靈感，以卡門貝爾（camembert）乳酪爲基底，打造出甜度適中的蛋糕。另一款新品「荔枝・椰子」則突破了夾層蛋糕＝白色這種固有的觀念，將店鋪的形象色－黑色作爲主題進行開發。這2款蛋糕都有著主角級的存在感和華麗

打破了傳統的「糕點店」的形象，以黑色作爲主題色，呈現古董店的風格，散發著平靜的氛圍。客群主要是從二十多歲到五十多歲的熟齡居多，吸引了廣泛的顧客。此外，店內還附設了Cafe區。

感，完美符合武幸子主廚對夾層蛋糕的定義。

甜點以外的素材也能夠爲蛋糕的創作有所激發

武幸子主廚在商品開發時，通常會在腦海中先浮現出完成的形態，因此她習慣將這些想法記錄在筆記本上。然後，她會從希望呈現的口感出發，逆向思考，考慮每個部分。即使在試作的過程中，也不會偏離最初的想法，通常只需要調整3次左右，就能將其商品化。

每年推出超過10種以上的新品，一直保持著「從未見過的」這樣的意識，所以非常重視從外部引入新的元素。更多的是在日常生活中突然冒出的創意，而不是坐在桌前思考。有時在餐廳用餐，會從中獲得靈感，比如發現一種香料或組合可以運用於蛋糕。或者在突然看到一朵花時，也可能成爲靈感的基礎。她會用未曾使用過的新食材作爲出發點進行創新，也會嘗試改變傳統食材的組合方式，創造出全新的風味。在不斷輸入和輸出的過程中，憑藉著靈活的思維，持續創造出獨特的「夾層蛋糕」等，各種獨具創意的糕點。

引人注目的夾層蛋糕讓周圍瞬間煥然一新，彷彿點亮整個環境

櫃檯展示了大約15種蛋糕，包括經典商品和季節商品。另外，每年春夏和秋冬，每月分別推出一款，稱之爲「Collection」的新品，各有5款。

季節的夾層蛋糕

724日元（含稅）

販售期間　整年 ※ 櫻桃限6月

季節的夾層蛋糕

這款全年提供的經典夾層蛋糕。用於夾餡的糖煮草莓全年都有，但是頂部的水果則會根據草莓的相適性，選擇當季的。如櫻桃、水蜜桃、葡萄等，都是從合作農場採購，注重選用優質水果增添吸引力。糖煮草莓使用的是冷凍的整顆草莓，製作時保留果肉感，不過度煮爛。蛋糕體不是厚重的款式，而是輕盈鬆軟的，能與鮮奶油完美融合，入口時輕盈即化，但不會太鬆散，還保有咀嚼感。外層的鮮奶油香緹添加了櫻桃白蘭地，賦予清新的風味。

海綿蛋糕

【材料】

27cm×37cm烤盤1個

全蛋…9個
細砂糖…400g
低筋麵粉（日清 Violet）…360g
無鹽奶油…100g
水飴…40g
牛奶…50g

【配方的特色】

◎ 這款蛋糕的配方是爲了讓蛋糕體輕盈鬆軟，與鮮奶油完美融合，入口時能輕盈溶化，同時又有足夠的咀嚼感，所以我們精心調配了配方。
◎ 使用的砂糖是粒子細緻的類型，並添加了一些水飴作爲部分甜味，這樣可以保持水分，使蛋糕體呈現濕潤的口感。

【作法】

將全蛋打入攪拌鋼盆中，加入砂糖。用攪拌器大致混合。將攪拌碗底部加熱，同時繼續攪拌。保持稍微溫暖的溫度，將砂糖溶解混合。

POINT 透過加熱混合蛋液，可以減少蛋液表面的張力，使其更容易打入空氣。請注意不要過熱以免燒焦。

將1放入攪拌機中，以高速攪打。

POINT 在溫度下降時攪拌，會影響蛋液膨脹。一旦溫度降低，及時加熱鋼盆底部，然後繼續進行攪拌。

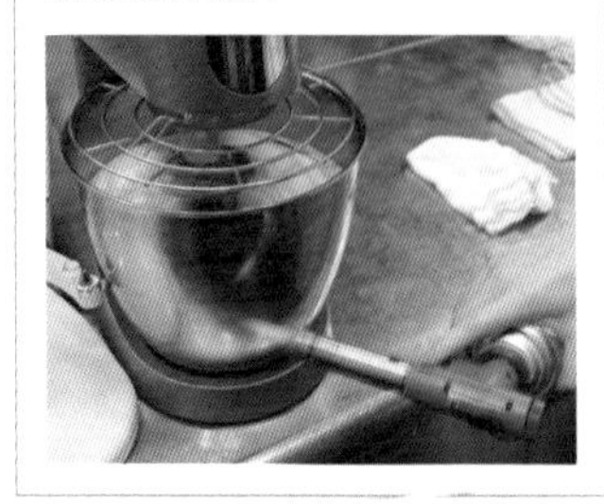

當蛋液混合均勻時，會膨脹並變得蓬鬆。然後將攪拌速度調至中速，繼續攪拌直至出現細緻的質感和光澤。

POINT 降低攪拌速度，調整氣泡的大小。當蛋糊變得穩定，混入其他材料時不容易坍塌。

糖煮草莓
strawberry compote

【材料】方便製作的分量

冷凍草莓…500g
三溫糖…41g
蜂蜜…50g
檸檬汁…16g
水…8g

【配方的特色】

◎ 考慮到使用白糖會造成過於黏膩的甜味，可能掩蓋了草莓的甜美，因此我們選擇使用三溫糖和蜂蜜來調節甜度。三溫糖提供了濃郁的口感，而蜂蜜則增添了風味。
◎ 為了營造「完整草莓」的奢華感，我們在處理時保持草莓的形狀，避免擠壓，以保持整顆草莓的外觀。

【作法】

將所有材料放入鍋中，加熱。

在撈除浮沫的同時，將草莓煮軟（根據此食譜的份量，約20分鐘）。

POINT 在水分釋放之前，用中小火，然後調至中大火繼續煮。如果持續用小火，草莓可能會過於濃縮，形狀也不容易保持。

8

放入預熱至165℃的對流烤箱中，風量中等，烘烤20分鐘。然後將風量調低，繼續烘烤16分鐘。

烘烤後，待其稍微降溫，放入冷藏庫冷卻。

脫模撕除烘焙紙，從長邊對切。用刀修切底部和側邊的烘焙痕跡。依1.5cm的高度修切整齊。頂部的部分可以用於其他蛋糕。

POINT 烘焙上色的蛋糕皮具有香脆的口感，但在這個組合中不需要，因此將其切除，同時也能使質感更好。

4

在耐熱碗中加入奶油、水飴和牛奶，然後在微波爐中融化。以600W加熱約2分40秒。

低筋麵粉過篩，一半加入3中，輕輕攪拌，然後再加入其餘低筋麵粉，再次輕輕攪拌。

POINT 要輕輕地切拌，以保持蛋糊中的氣泡不被擠壓。

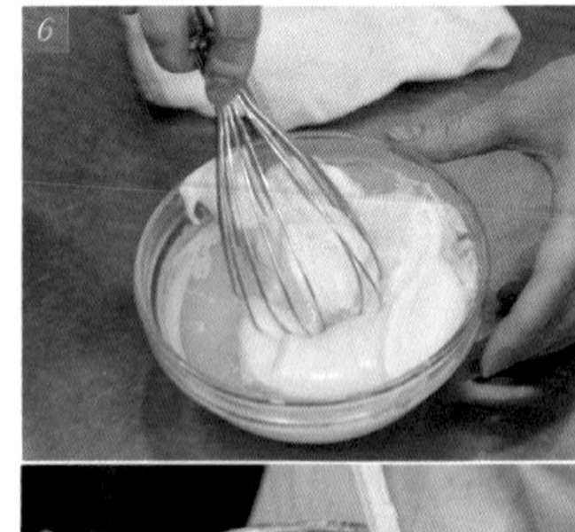

將5的少量加入4中，輕輕攪拌均勻，然後將其倒回5中，再次攪拌。

POINT 在添加奶油時，最好先與少量麵糊混合，以免油脂破壞氣泡，也要輕柔迅速地攪拌。

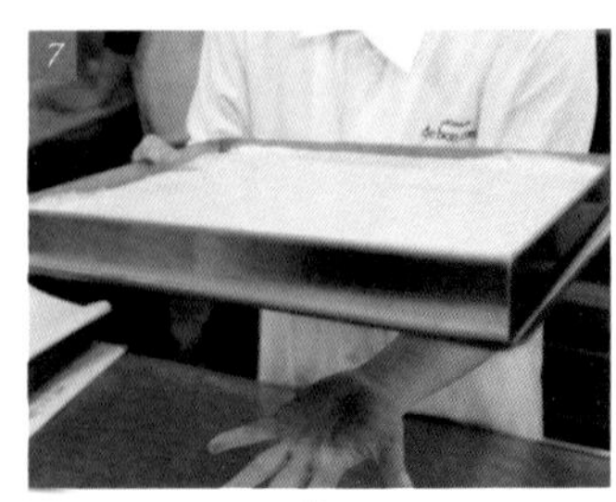

將6倒入鋪有烘焙紙的烤盤中。用刮板將表面整平，然後在桌面上輕敲以排除大氣泡。

組合

【組成部分】

Petit gâteau 32個

海綿蛋糕…18×27cm 4片
糖漿（水和砂糖1：1製成 imbibage）…30ml
草莓煮汁…400g
夾層奶餡…1280g
櫻桃（夾層用）…16個
糖煮草莓…640g
櫻桃酒鮮奶油香緹…800g
櫻桃（裝飾用）…64個
覆盆子…16個
鏡面果膠（Nappage neutre）…適量

【作法】

在4片海綿蛋糕體的表面均勻地刷塗糖漿，然後再刷上草莓煮汁，使其充分浸透。

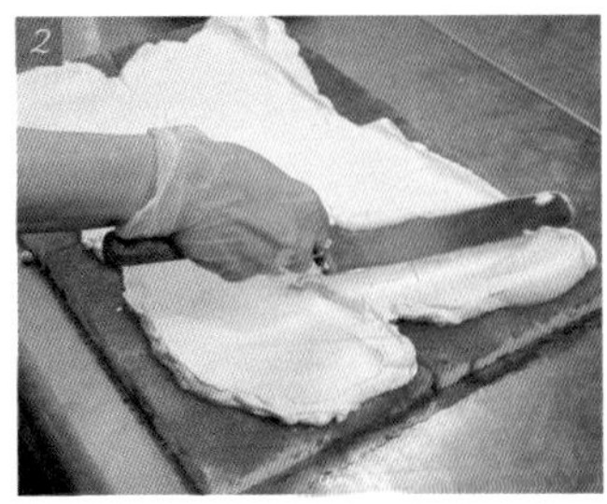

使用抹刀將夾層奶餡均勻塗抹在蛋糕體表面，表面和側面都平整光滑狀。

取少量1，與乳酪和蘭姆酒混合，再放回鋼盆，繼續打發變得結實，達到緊實的奶餡狀態後停止。

櫻桃酒鮮奶油香緹

【材料】方便製作的分量

40%鮮奶油タカナシ乳業「Super Fresh」）…445g
複合鮮奶油（compound cream 24%植物性、16%動物性，タカナシ乳業 Gâteau Blanc）…445g
細砂糖…13g
櫻桃白蘭地（kirsch）…3g

【配方的特色】

◎ 這款蛋糕有一定的份量，所以表面的鮮奶油香緹應選擇較清爽的種類。使用櫻桃白蘭地來調味，增添清新的風味。

【作法】

1

將2種鮮奶油和細砂糖放入攪拌鋼盆，輕輕攪拌混合，中途加入櫻桃白蘭地。加速攪拌7～8分發，使鮮奶油打發成蓬鬆狀。

等涼了之後，將草莓與煮汁分開，草莓用於製作夾層，煮汁則用於製作海綿蛋糕的糖漿。

夾層奶餡

【材料】使用量

40%鮮奶油タカナシ乳業「Super Fresh」）…445g
複合鮮奶油（compound cream 24%植物性、16%動物性，タカナシ乳業 Gâteau Blanc）…445g
三溫糖…99g
馬斯卡彭乳酪（mascarpone）…267g
蘭姆酒…24g

【配方的特色】

◎ 透過使用相等比例的鮮奶油和複合鮮奶油，呈現出豐潤與清爽兼具的口感。此外，加入馬斯卡彭乳酪賦予了層次感，再搭配蘭姆酒帶來香醇與豐富滋味。

【作法】

將2種鮮奶油和三溫糖放入攪拌機鋼盆中，以低速攪拌5分鐘，直到打發成5分發。

標記切痕。最終一片海綿蛋糕的長邊將切成4份，成爲長方形。

夾層用的櫻桃去核並切半，每個切痕內放置4顆半的櫻桃，將切面朝下排列在2片海綿蛋糕上。然後在上面均勻地疊加糖煮草莓，填滿間隙。如果草莓顆粒太大，可以稍微切小後使用。

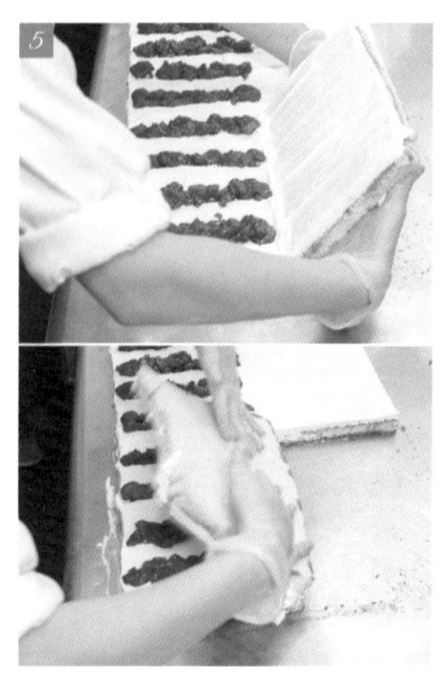

將另外2片未放置水果的海綿蛋糕，使其夾層奶餡那一面朝下，疊在步驟4上。

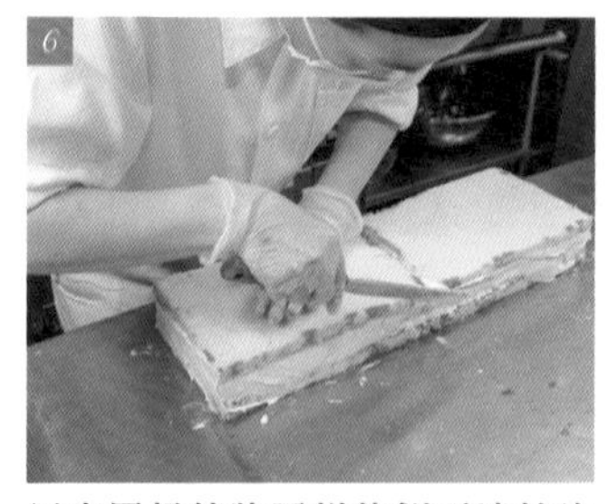

用夾層奶餡將蛋糕的側面塗抹均勻，將多餘的夾層奶餡塗抹在表面。

使用烘焙紙包覆側面，然後用保鮮膜包裹整個蛋糕。將蛋糕放入冰箱，冷藏一晚。

POINT 包覆側面防止夾層奶餡流出；用保鮮膜包裹，防止整個蛋糕變乾。經過一夜的冷藏，使蛋糕和奶餡更好地融合。

取下保鮮膜等，將每塊蛋糕縱向對切。使用櫻桃酒鮮奶油香緹在表面仔細塗抹。

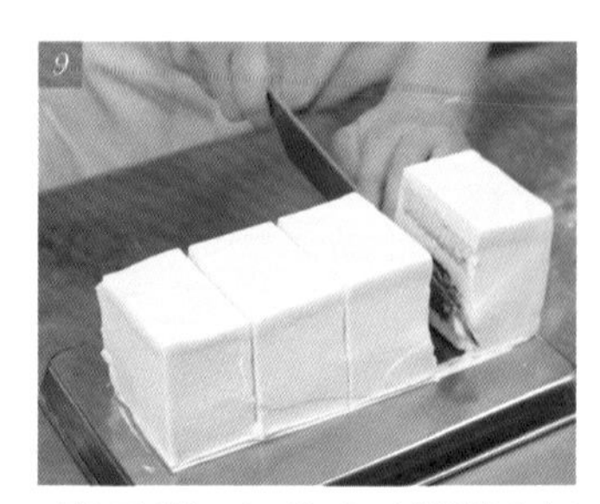

再將蛋糕切成4等分。用櫻桃和切成半顆的覆盆子裝飾。在水果上刷鏡面果膠。

Diamondliliy
972日元（含稅）
販售期間　2020年秋冬

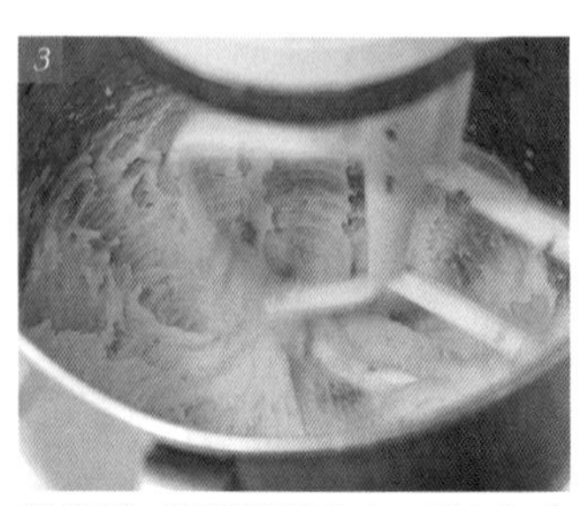

把步驟2移到攪拌盆中，逐次加入蛋黃，用攪拌器混合。

輕輕加熱蜂蜜和牛奶B，分幾次加入步驟3中，輕輕攪拌。

POINT 因爲蜂蜜質地較濃，需加熱讓它變軟。一次加入過多容易飛濺，需分次加入。

把步驟4濾過，倒入碗中。

POINT 在此階段充分去除顆粒，以確保麵糊光滑。使用較細的濾網過濾。

製作蛋白霜。將蛋白放入攪拌盆中，中速打發。整個蛋白顏色變淺且膨脹時，分幾次加入砂糖和海藻糖，繼續打發。最後轉低速，使蛋白霜光澤均勻，成爲輕柔的狀態。

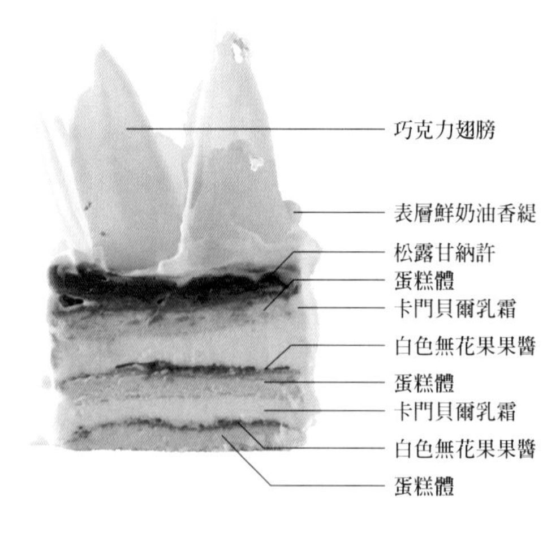

Diamondliliy

作爲2020年秋冬季限定銷售的產品，這個系列是以閃閃發光，華麗彼岸花科植物「鑽石百合」花爲靈感所研發。這款蛋糕在白色的基礎上，使用了以卡門貝爾和奶油乳酪的卡門貝爾乳霜（crème camembert），以花瓣的形態設計。但僅靠這一種奶餡的話，可能會感覺過於輕盈，因此還加入了松露甘納許（truffle ganache）。在松露甘納許的配方中，加了松露油以增添風味的衝擊力。蛋糕體採用了我們通常用於蛋糕卷的配方，加入了上新粉（粳米粉），使其具有濕潤且彈性的口感。在考慮秋冬季節感的同時，也特別關注蛋糕的口感。使用了白色無花果果醬（fig blanche confiture）作爲口感的亮點，還有用新鮮的西洋梨作爲頂部裝飾。

【配方的特色】

◎ 透過添加上新粉，實現濕潤且Q彈的口感。
◎ 使用少量的粉類，並以蛋白霜增加體積，使成品輕盈。

【作法】

1
在鍋中加入牛奶A和沙拉油，加熱至沸騰。

過篩低筋麵粉和上新粉，加入步驟1中，迅速混合成團。

蛋糕體

【材料】
27cm×37cm烤盤1個

牛奶A…11g
沙拉油…18g
低筋麵粉（日清 Violet）…24g
上新粉…20g
蛋黃…4個
牛奶B…28g
蜂蜜…23g
蛋白…4個
細砂糖…50g
海藻糖（Trehalose）…21g

【配方的特色】

◎ 加入充足的松露油，使其香氣濃郁。

【作法】

1

巧克力用刀切細碎，放入碗中。

2

將鮮奶油倒入鍋中，加熱至完全沸騰。

將步驟2倒入步驟1，稍等片刻直至巧克力融化，然後混合均勻。

在步驟3中加入松露油，混合均勻。

POINT 由於含有較多的油脂，因此需要充分攪拌使其變得光滑。如果混合困難，可以使用手持攪拌機。

卡門貝爾乳霜

【材料】 方便製作的分量

奶油乳酪（cream cheese）…60g
蜂蜜…10g
卡門貝爾乳酪（camembert）…100g

【作法】

奶油乳酪應在室溫下回溫，或者輕微加熱後變軟。放入碗中，用矽膠刮刀輕輕攪拌，使其變成膏狀。

2

將蜂蜜加入步驟1中，仔細混合直到變得滑順。

將卡門貝爾乳酪回溫至室溫，加入步驟2中。充分混合。

POINT 成品相當柔軟，不易成型，因此應放入冷藏庫冷卻使其變硬。

松露甘納許

【材料】 方便製作的分量

Gianduja巧克力（Valrhona Gianduja Noisette）…100g
40%鮮奶油タカナシ乳業「Super Fresh」）…60g
松露油…30g

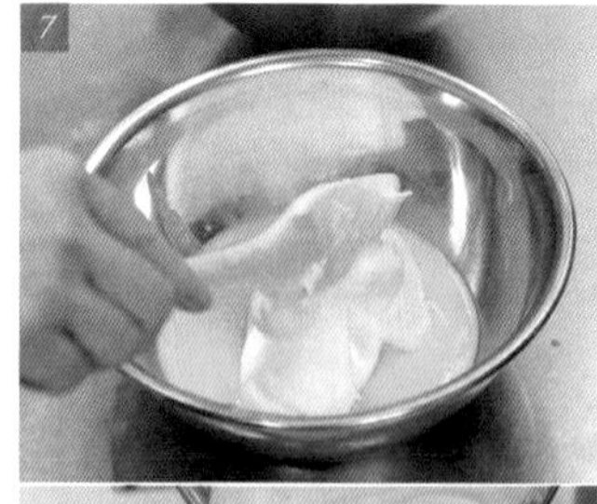

將步驟5和6混合。將少量蛋白霜加入步驟5中混合，然後全部倒回蛋白霜中，以矽膠刮刀輕輕切拌。

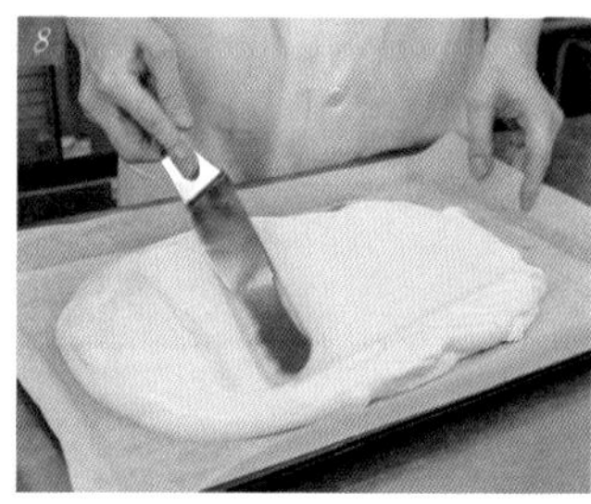

重疊2個烤盤，上面的烤盤鋪烘焙紙，倒入步驟7的麵糊，平整表面。

POINT 疊放2個烤盤可使底火較溫和。

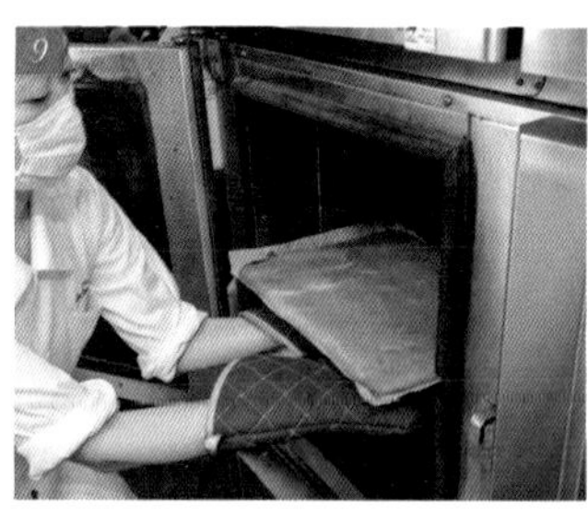

以175℃烘烤10分鐘。取去散熱，然後冷藏冷卻。

在蛋糕體上塗抹白色無花果果醬，放入圈模中，擠入卡門貝爾乳霜。接著再放一層塗抹了無花果果醬的蛋糕體，頂部擠上卡門貝爾乳霜。將第3片蛋糕體塗抹無花果果醬後，放在上方。

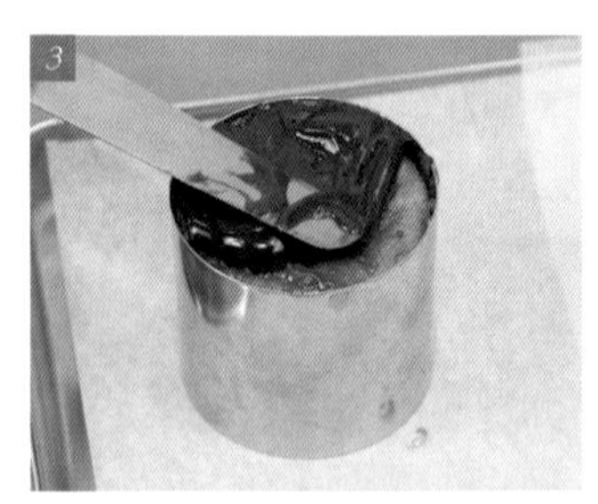

在步驟2的最上層塗抹松露甘納許，然後放入冰箱冷藏。

取出並脫模，將表面和側面塗抹上表層鮮奶油香緹。放上洋梨，並在側面貼上巧克力羽毛。最後加上糖珠、糖飾、銀箔等作爲裝飾。

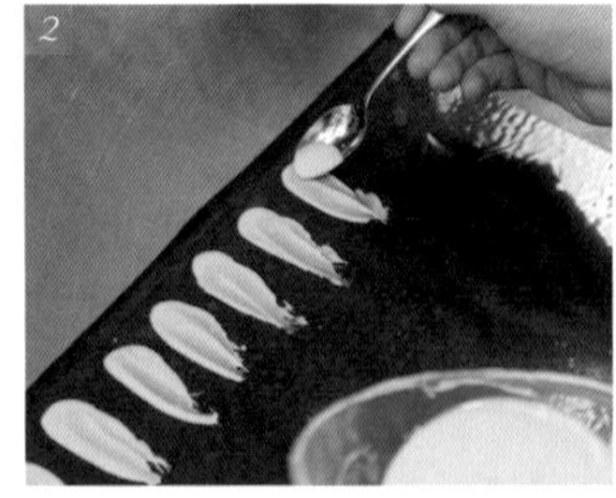

在烤盤上鋪塑膠片，用小量匙將白巧克力舀上，然後輕輕推開，使其呈現出花瓣的形狀。放置在涼爽的地方固化。

組合

【組成部分】
5cm 圓形 Petit gâteau 10個

- 蛋糕體…前述全量
- 白色無花果果醬（市售）…適量
- 卡門貝爾乳霜…500g
- 松露甘納許…400g
- 表層鮮奶油香緹…200g
- 裝飾（糖飾、巧克力翅膀、西洋梨 Le Lectier品種、糖珠、糖粉、銀箔）…各適量

【作法】

將5cm的圓形壓模放在蛋糕體上，用刀子沿著壓模邊緣切下。每個小蛋糕使用3片蛋糕體。

POINT 因爲蛋糕體比較軟，如果直接用壓模壓切，蛋糕體容易變形，所以建議用刀子進行切割，然後用廚房剪刀整理邊緣部分。

櫻桃酒鮮奶油香緹／表層鮮奶油香緹

材料和作法參考 P139「季節性夾層蛋糕」

糖飾

【材料】 方便製作的分量

異麥芽糖 Isomaltulose（Palatinose）…50g

【作法】

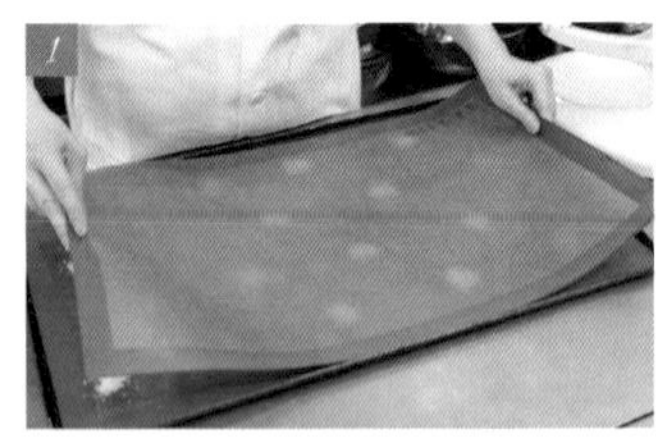

在矽膠墊（Silpat）上用量匙放約1小匙的異麥芽糖。考慮融化和擴展間隔地放置。用另一張矽膠墊覆蓋以180℃烤8分鐘，取出降溫。

巧克力翅膀

【材料】

34%白巧克力（Valrhona OPALYS）…適量

【作法】

將白巧克力切碎，放入微波爐加熱，加熱到稍微融化即可。用矽膠刮刀混合。混合到一定程度後，再次輕輕加熱，然後再次攪拌。重複2～3次，直到獲得光澤爲止，進行調溫（tempérage）。

荔枝·椰子

※參考商品

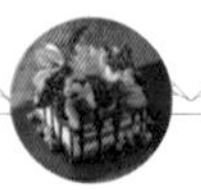

加入椰子粉，輕輕攪拌混合全體。

使用另一個攪拌鋼盆製作蛋白霜。將蛋白放入攪拌盆中，中速打發。整體變得微白並膨脹後，分2～3次加入砂糖，繼續打發。最後調至低速，使蛋白霜帶有光澤，成爲輕盈的質地。

將蛋白霜少量加入步驟2中，輕輕攪拌均勻，然後全部倒回剩餘的蛋白霜鋼盆中，用矽膠刮刀輕輕拌勻，使之呈現大理石紋路。

POINT 因爲不希望蛋白霜過度混合，所以在這一步驟可以不要求完全均勻。在下一步驟，加入粉類時，蛋白霜也會被充分混合，所以只需大致混合即可。

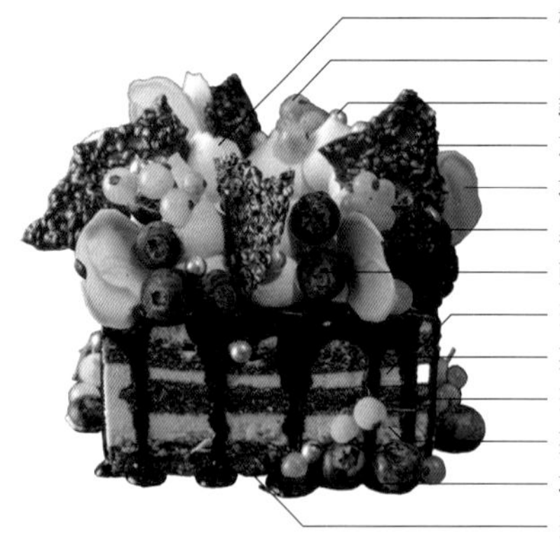

荔枝・椰子

根據這次企劃提出的新款蛋糕，在店鋪的黑色形象基礎上，以「黑色蛋糕」爲概念，但並不是整體黑，而是在蛋糕體內加入黑色可可粉，使蛋糕體呈現出深黑色，然後用白色鮮奶油與之交替疊加，透過黑白的對比來製造更強的視覺衝擊。同時，考慮到季節感，將夏季的氛圍融入，使用荔枝和椰子果泥爲鮮奶油調味，增添了芳香和豐富的風味。爲了進一步凸顯鮮奶油的存在感，還加入了馬斯卡彭乳酪（mascarpone）。在裝飾方面，也堅持黑與白的主題，創造出更適合成年人的華麗感。

【作法】

在攪拌碗中倒入全蛋，過篩的糖粉和杏仁粉。輕輕攪拌後，以中速攪打，攪拌至蛋糊變得白濁稍稍有點稠厚的狀態。

蛋糕體

【材料】

54cm×37cm烤盤1個＋
37cm×27cm框模1個

全蛋…7個
糖粉…225g
杏仁粉…225g
椰子粉（細粒）…90g
蛋白…228g
細砂糖…90g
低筋麵粉…84g
黑色可可粉…30g

【配方的特色】

◎ 使用全蛋和大量粉類，並在最後混入蛋白霜的蛋糕體。添加椰子粉，使其呈現鬆脆的口感。

將3倒回1的鍋中，以中火加熱。一邊用矽膠刮刀攪拌，直到變得濃稠後關火。

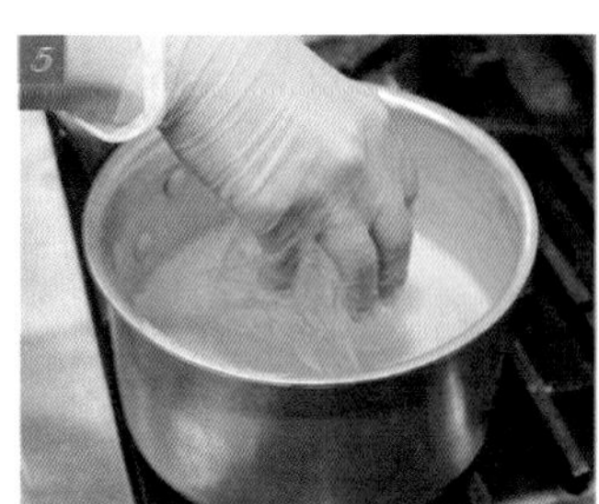

加入泡水還原的吉利丁片並攪拌，用篩網過濾。下墊冰水，使其冷卻。

荔枝椰子乳霜

【材料】使用量

荔枝果泥…311g
椰子果泥…195g
牛奶…156g
蛋黃…7.5個
細砂糖…59g
吉利丁片…16g
馬斯卡彭乳酪（mascarpone）…585g
40%鮮奶油タカナシ乳業「Super Fresh」）…312g

【作法】

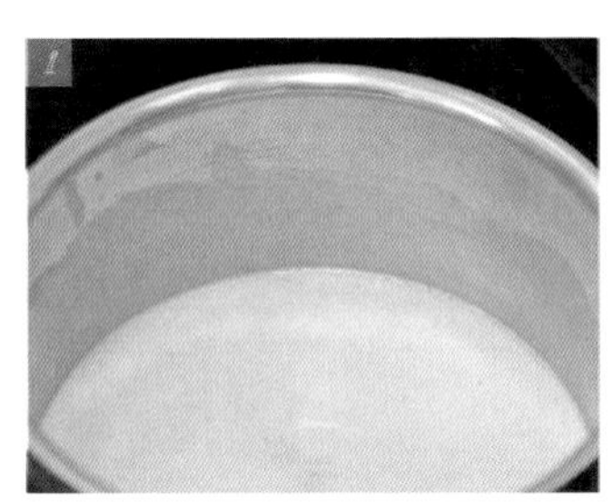

在鍋中倒入荔枝果泥、椰子果泥和牛奶，加熱至接近沸騰。

POINT 煮沸會導致分離，所以當鍋邊開始冒小氣泡時，停止加熱。

把蛋黃和砂糖混合在一起，用打蛋器充分攪拌。

將1加入2中。一邊充分攪拌，分3次加入。

將過篩的低筋麵粉和黑色可可粉加入4的蛋糊中，輕柔地切拌均勻。

POINT 可可粉的油脂容易使蛋白霜消泡。請小心輕輕攪拌，只要確保所有成分混合即可。

在烤盤上鋪烘焙紙，倒入麵糊。整理表面的同時逐漸鋪平，均勻覆蓋整個烤盤。放入預熱至180℃的烤箱，烘烤8分鐘。

取出脫模，冷卻。根據要使用的框模尺寸（27 cm×37 cm），將蛋糕體切成適合的大小，共3片。

【作法】

1
吉利丁片在冰水中浸泡軟化備用。

鍋中加入除了吉利丁片外的材料，中火至大火加熱，不斷攪拌至沸騰。

一旦開始沸騰，熄火後加入泡軟的吉利丁片使其溶解。

在熱的狀態下，倒入碗中，同時過濾，冷卻。存放在冰箱中備用。

芝麻瓦片

【材料】
大烤盤3片

牛奶…90g
含鹽奶油…192g
水飴…72g
細砂糖…240g
白芝麻…100g
黑芝麻…100g
可可粉…24g

【配方的特色】

◎ 為了在烘焙時能夠形成焦糖層，所以糖的比例比較高。

櫻桃酒鮮奶油香緹

材料和作法參考 P139「季節性夾層蛋糕」

巧克力脆片 feuillantine

【材料】 使用量

35% Blond巧克力(Valrhona Dulcey)…72g
脆片(feuillantine)…72g

【作法】

以微波爐融化巧克力後與脆片混合。

糖衣 glaçage

【材料】 使用量

白色鮮奶油(Fresh cream blanc)…260g
水飴…100g
鏡面果膠(Nappage neutre)…200g
水…200g
細砂糖…350g
黑色可可粉…180g
吉利丁片…19g

用矽膠刮刀攪拌馬斯卡彭乳酪，拌成軟膏狀。加入少量的5混合，然後分次加入5，充分攪拌。

使用攪拌機將鮮奶油打成7分發。將一部分6加入混合。然後將6全部加入打發的鮮奶油中，用矽膠刮刀輕輕混合均勻。

3

將其放置冷藏室冷卻至固化。

取出切成9cm× 9cm的方塊。

使用之前冷藏的糖衣，以微波爐加熱變軟，塗抹在4的表面。趁熱沿著側面均勻塗抹，從頂部開始，讓它自然滴落在側面。冷藏一次，使表面變得堅硬。

6

擠上櫻桃酒鮮奶油香緹，然後再次冷藏。

裝飾上黑莓、藍莓、白醋栗。放上芝麻瓦片、巧克力翅膀和銀色糖珠。

組合

【組成部分】

9cm×9cm 方形多層蛋糕 12 個

- 蛋糕體…27cm×37 cm 3片
- 荔枝椰子乳霜…1784g
- 巧克力脆片…144g
- 糖衣…480g
- 櫻桃酒鮮奶油香緹…680g
- 芝麻瓦片…適量
- 黑莓…適量
- 藍莓…適量
- 白醋栗…適量
- 巧克力翅膀（P144「Diamondliliy」的白巧克力改爲35% Blond 巧克力 Valrhona Dulcey）…適量
- 銀色糖珠…適量

【作法】

將蛋糕體放入框模中，鋪上巧克力脆片，均勻鋪展在一面。

倒入1/3的荔枝椰子乳霜，均勻塗抹使表面光滑。重疊放置另一片蛋糕體。重複此步驟2次，形成3層。

【作法】

將牛奶、奶油、水飴和細砂糖放入鍋中，加熱至沸騰。

碗中放入2種芝麻和可可粉，將步驟1倒入碗中。用矽膠刮刀混合。

烤盤鋪烘焙紙，將步驟2的混合物倒入，過程中用矽膠刮刀輕輕抹平，填滿烤盤，表面稍微粗糙不必太平整。

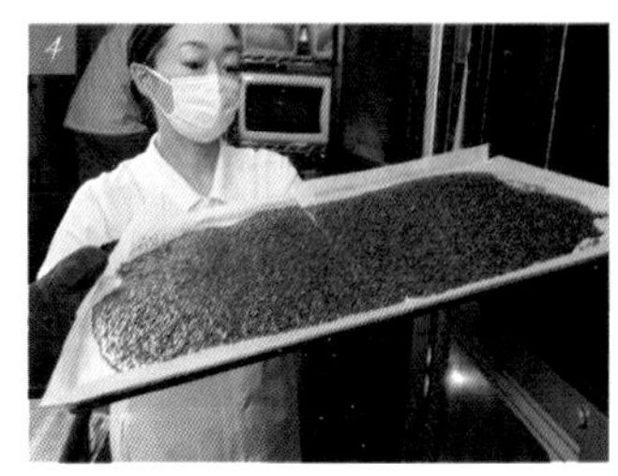

170°C烤約11分鐘，取出放涼備用。

Pâtisserie Yu Sasage

パティスリー　ユウササゲ

（東京・千歲烏山）

Owner chef

捧雄介

1977年出生於日本新潟縣。在東京南青山的餐廳『Le conte』訓練學習後，前往『Hotel de Mikuni』和『Aroma Fresca』學習糕點製作。之後在東京的多家餐廳和糕點店表現出色，於2013年5月獨立創業。

爲法國傳統糕點增添了獨特的創意

位於東京千歲烏山的甜點店『Yu Sasage』是一家由經驗豐富的糕點師—捧雄介於2013年5月獨立創辦的店。捧雄介主廚在東京市內多家糕點店和餐廳積累了豐富的經驗，並以此爲基礎，創造了充滿個人風格的糕點。

『Yu Sasage』堅持以傳統法國糕點爲基礎，同時加入了糕點師個人累積的經驗，以獨特的創意呈現。捧雄介主廚說：「我的經驗、過去品嚐過的各種糕點和料理，以及食材的味道記憶等，都成爲我的創作基礎。我不斷嘗試著將這些元素進行新的組合，讓產品不斷演變，變得更好。」在『Yu Sasage』的糕點中，這些經驗和創意得到了充分展現。

店內提供各種豐富多彩的產品，包括充滿季節感的迷你蛋糕，磅蛋糕，新鮮出爐的法式麵包等等。其中，招牌的夾層蛋糕是全年供應的經典商品。然而，每個季節的主題都不同，使用當季水果如草莓、蜜瓜、芒果和紫葡萄等。各種多樣的風味，讓人們瞭解在『Yu Sasage』不只有「夾層蛋糕＝草莓」，還有更多令人嚮往的多彩種類。

一種材料分成多個部分使用提升水果的味道和香氣

「我對夾層蛋糕的定義是，以海綿蛋糕、鮮奶油和新鮮水

從初次工作的餐廳到現在，整理了過去的經驗，共有10本以上的筆記。在思考新的創作時，經常回顧過去製作的產品數據，作爲參考。

位於東京千歲烏山的住宅區。店內以法國傳統色彩「酒紅色」爲主題色。2021年5月在小田急百貨新宿本館開設了第二家分店。

果的結合，並以水果達到美味的角色。海綿蛋糕和鮮奶油作爲基礎，可以提升水果的吸引力，因此必須考慮平衡。」捧主廚表示。

店裡的夾層蛋糕基本上由3層海綿蛋糕組成。每層海綿蛋糕和鮮奶油、水果各1㎝，總共5㎝的高度。同時，考慮了夾層的水果大小，以便在咀嚼時產生整體感。

這種平衡不僅關乎美味，還與夾層蛋糕的魅力之一，即「切面的美感」相關。

此外，鮮奶油和糖漿等各個組成部分的主要味道，也存在交疊的風味。捧主廚表示：「僅靠果肉很難突出風味，因此透過將水果的果汁和果皮加入糖漿和鮮奶油中，可以增強味道和香氣。」儘管看起來果皮等似乎並不必要，但是食用者在記憶中保存的水果味道中，也包括果皮的香味和苦味等元素。因此，有效地使用這些成分，可提升水果的美味。

本書中，捧主廚根據自己的定義，將經典款式轉化爲小巧的創意糕點，如「草莓夾層蛋糕」、以黑森林蛋糕Forêt Noire爲靈感的「Cerise Chocolat」，和將水果與香草（herbs）結合的「Exotic」。從水果搭配糖漿和鮮奶油的方式，以及獨特的組合，都是亮點之處。

擴展水果的美味
各個部份的製作和組合至關重要

店內隨時提供10種以上的多層蛋糕。2021年6月開始，也接受網上預約訂購糕點服務。

主打法國傳統糕點，並注重季節感的Petit gâteau小型蛋糕。另外，深受歡迎的磅蛋糕，店內總是供應6～7種不同口味的選擇。

草莓夾層蛋糕

參考商品

海綿蛋糕

【材料】

56cm×36cm×4cm 框模 1 個

全蛋…1040g
細砂糖…600g
蜂蜜…56g
水飴…56g
低筋麵粉（日清 Violet）…600g
無鹽奶油…40g
牛奶…70g

【配方的特色】

◎ 爲了在入口時帶來濕潤感，使用保濕性高的水飴。
◎ 考慮到塗抹糖漿的步驟，使用較多低筋麵粉以增加蛋糕體的結構性。
◎ 爲了賦予海綿蛋糕本身的風味，添加蜂蜜。

【作法】

1 將全蛋放入鋼盆中，加入砂糖、蜂蜜和水飴，用打蛋器輕輕攪拌均匀。

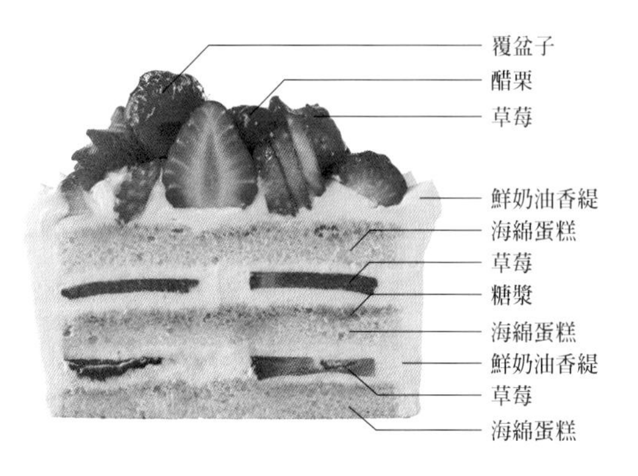

草莓夾層蛋糕

將傳統的經典草莓夾層蛋糕，改良爲小型的多層蛋糕（entremet）。爲了保持海綿蛋糕的濕潤口感，使用了水飴的保濕特性。海綿蛋糕的厚度爲1cm，與鮮奶油和草莓的厚度相同，在口中產生一致的融合度。在烘烤過程途中會打開蒸氣排氣閥，讓多餘的蒸氣排出，以防止烘烤後的下陷。糖漿中使用覆盆子果泥，以增強草莓的味道和香氣，若是僅用草莓，香氣可能較淡，因此使用接近的覆盆子來增強風味。

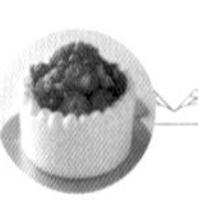

鮮奶油香緹

【材料】方便製作的分量

42%鮮奶油(タカナシ乳業「純正 Cream」)…500g
細砂糖…25g

【配方的特色】

◎ 使用了北海道產的鮮奶油,乳味醇厚但又不會太過沉重,選用了脂肪含量42%的種類。砂糖的使用量相對較少,只有5%,這樣不會過於甜膩,可以充分品嚐到水果的美味。

【作法】

1
將鮮奶油和細砂糖倒入攪拌鋼盆中,以中速攪拌打發成7~8分發。

糖漿

【材料】方便製作的分量

糖漿(Baumé 糖度 30)…100g
覆盆子果泥…10g

【配方的特色】

◎ 作爲增強香氣的方式,加入覆盆子果泥。

【作法】

1
將糖漿和覆盆子果泥放入碗中,混合均勻。

5
將麵糊的一小部分倒入步驟3,用矽膠刮刀輕輕攪拌均一。

6
將步驟5的麵糊倒回步驟4的容器,使用矽膠刮刀沿著鋼盆底部大幅攪拌,使麵糊充分混合。

POINT 添加油脂後,攪拌的過程不要過於急速,以免形成大氣泡。應緩慢且大幅度,以免混合不勻。

7
在鋪有烘焙紙的烤盤上,將步驟6倒入並平整表面。

8
以預熱至165℃的烤箱烤30分鐘。在20分鐘時,將烤盤的前後對調,打開排氣閥繼續烘烤。

POINT 最初的20分鐘內,加熱會使麵糊內的氣泡膨脹。因此,應在最後的10分鐘打開排氣閥,同時繼續烘烤以消除蒸氣。

9
當蛋糕體變得有彈性並回彈時,表示烘烤完成。將烤盤敲打在桌面上,排出蒸氣,散熱降溫至冷卻。

10
將四邊的邊緣切除,將蛋糕體切成1cm厚的片狀,然後將長邊切成一半。用保鮮膜包好,放入冷藏保存。

2
倒入攪拌機鋼盆,高速攪打3分鐘。將速度調至中速,繼續攪拌2分鐘,使蛋糊均勻。最後,將速度調至最低,直到蛋糊變得像鮮奶油般柔軟,然後停止攪拌。

POINT 爲了提高效率和穩定性,會根據使用的攪拌機和蛋糊量調整切換速度的時間。

3
將奶油和牛奶放入耐熱容器,用800W的微波爐加熱1分鐘,使溫度達到40℃,將奶油融化。

4
逐漸加入低筋麵粉,手持刮板從底部向上翻起輕輕拌勻,約混合30~50次。當舀起麵糊,麵糊會緩慢呈緞帶狀落下,這是完成的參考指標。

POINT 起初可能會有多餘的氣泡使麵糊變得較稠,但混合30~50次後,麵糊會變得均勻。

組合

【組成部分】

9cm圓形多層蛋糕1個

海綿蛋糕…1cm厚×直徑9cm 3片
鮮奶油香緹…250g
糖漿…50g
草莓（夾層用）…50g
草莓（裝飾用）…適量（L尺寸）
醋栗（裝飾用）…適量
覆盆子（裝飾用）…適量

【作法】

以直徑9cm的圓形壓模，裁出厚度1cm的蛋糕體，每個蛋糕預備3片。

將一片蛋糕體放在轉盤上，使用刷子塗抹糖漿。

POINT 底層的糖漿塗抹得較少一些，過多的糖漿會使蛋糕變形。

放上打發至9～10分發的鮮奶油香緹，輕輕抹平，然後鋪上切成5mm的草莓。

再次放上鮮奶油香緹，使用刮刀抹平覆蓋草莓及間隙。

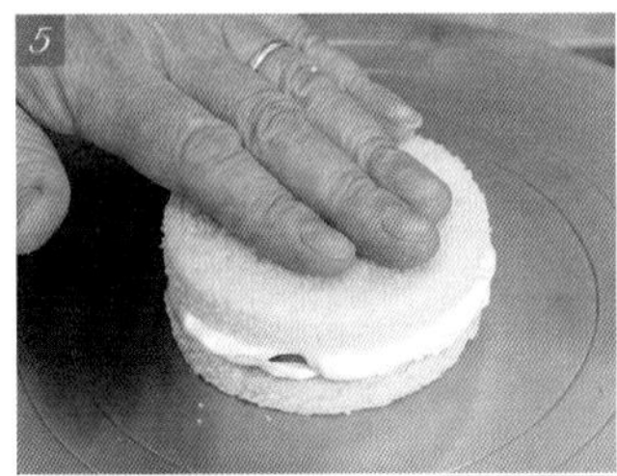

疊上另一片蛋糕體，塗抹糖漿。重複進行步驟3和步驟4，組合第2層蛋糕。

再次疊上蛋糕體，塗抹糖漿。

使用刮刀去除側邊多餘的鮮奶油香緹，然後在蛋糕頂部和側面塗上一層薄薄的底層鮮奶油香緹。

用較軟的鮮奶油香緹充分覆蓋蛋糕，使其頂部和側面光滑美觀。

POINT 用於夾層的鮮奶油應該打發得較堅實，用於表層的鮮奶油香緹則較軟一些。

爲了給予裝飾更立體的感覺，將鮮奶油香緹擠在蛋糕頂部的中央，然後在上面放切片的草莓和覆盆子，並在間隙中均勻地擺放醋栗，最後在邊緣擠上鮮奶油（使用圓口花嘴）。

Shortcake Cerise Chocolat

參考商品

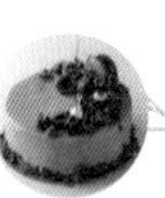

【作法】

請參照P153的「草莓夾層蛋糕」，在步驟4中混合粉料時，加入「過篩的低筋麵粉和可可粉」。

POINT 由於加入可可粉會使麵糊變得更緊實，因此在混合的過程中要注意不要過度攪拌，以免製成的蛋糕體過硬。在大動作攪拌的同時要注意控制攪拌次數。

步驟7，將240g的麵糊倒入直徑15cm的圓模中，然後在165℃下烘烤30分鐘。烘烤20分鐘後，將烤盤前後位置對調，同時打開蒸氣閥繼續烘烤。

Shortcake Cerise Chocolat

「Forêt Noire黑森林」是在可可粉製作的海綿蛋糕體之間，夾入巧克力和櫻桃，組合成夾層蛋糕（shortcake），添加櫻桃酒就是大人的口味。海綿蛋糕使用的是可可粉，可可粉會吸收水分，這使得蛋糕體更緊實，因此在加入油脂後，以較少的操作次數攪拌均勻。糖漿和夾層用的巧克力鮮奶油香緹添加了利口酒，高濃度的酒精會遮蓋巧克力的味道，因此在製作巧克力鮮奶油香緹時，選用可可含量爲64%濃郁的巧克力。透過使用這2種不同的巧克力鮮奶油香緹，可以營造出口味的對比效果。

巧克力海綿蛋糕

【材料】
15cm圓形5個

全蛋…520g
細砂糖…300g
蜂蜜…28g
水飴…28g
低筋麵粉（日清 Violet）…240g
可可粉…60g
無鹽奶油…20g
牛乳…35g

糖漿

【材料】方便製作的分量

櫻桃果泥…25g
糖漿（Baumé糖度30）…25g
櫻桃白蘭地（Kirsch）…25g
櫻桃糖漿（Griottine syrup）…20g

【作法】

所有材料混合均勻。

組合

【組成部分】
15cm圓形多層蛋糕1個

美國櫻桃…80g
酒漬櫻桃…80g
巧克力海綿蛋糕…15cm圓模1個
糖漿…150g
香草鮮奶油香緹…250g
巧克力鮮奶油香緹…250g
裝飾…各適量
- 38%巧克力刨花
- 美國櫻桃
- 鏡面果膠（Nappage neutre）
- 馬卡龍（巧克力餡）
- 莧菜嫩芽
- 金箔

以保鮮膜緊貼覆蓋，放入冰箱冷藏休息一晚（12小時以上）。

5

組合時，使用攪拌機打發。

香草鮮奶油香緹

【材料】方便製作的分量

42%鮮奶油…250g
細砂糖…20g
櫻桃白蘭地（Kirsch）…25g
香草醬（Vanilla paste）…0.5g

【作法】

將碗中的鮮奶油和細砂糖混合，用攪拌器打發至乳霜狀，約9～10分發，然後加入溶解在櫻桃白蘭地中的香草醬，用矽膠刮刀混合均勻。

巧克力鮮奶油香緹

【材料】方便製作的分量

42%鮮奶油…400g
64%黑巧克力（Chocolat Noir）…84g
水飴…40g

【配方的特色】

◎為了與加了利口酒的糖漿相融合，使用可可含量為64%黑巧克力，確保巧克力的風味不被蓋過。
◎使用水飴使鮮奶油更加滑順，讓夾層充滿柔和的質感。

【作法】

1

鍋中倒入鮮奶油，加熱至沸騰。

將巧克力和水飴放入碗中，將步驟1的鮮奶油全部倒入。

用手持攪拌器攪打，直至巧克力完全融化。

【作法】

處理用於夾層的水果。將去籽的美國櫻桃切成5mm厚的片，將酒漬櫻桃切成一半。

將海綿蛋糕橫切成1cm寬的片，每個蛋糕切成3片。用刀切除底部烤上色的部分。在轉盤上放一片海綿蛋糕，用毛刷塗抹糖漿。

POINT 底層的糖漿塗抹要少量，以免過多影響形狀。

將打發至9～10分發的香草鮮奶油香緹，輕輕塗在蛋糕上，用刮刀平整。從外圍開始，交替排列美國櫻桃和酒漬櫻桃。

再次把香草鮮奶油香緹塗在水果上，補滿櫻桃的空隙。

疊放蛋糕片，用毛刷塗抹糖漿。第2層塗抹糖漿時，要使其充分滲透。

重複進行步驟3和步驟4，疊加第2層蛋糕片。

疊上第3層蛋糕片，用毛刷充分塗抹糖漿。用刮刀刮除側邊多餘的香草鮮奶油香緹，並塗抹蛋糕頂面薄薄一層，以完成底層塗抹。

使用巧克力鮮奶油香緹進行最後塗抹，仔細塗抹蛋糕頂面和側邊。

POINT 夾層用的香草鮮奶油香緹打發得較硬，巧克力鮮奶油香緹打發得要稍微軟一些。

在側邊的底部沾上巧克力刨花。

將帶梗的美國櫻桃刷上鏡面果膠。將櫻桃排列在右側，將馬卡龍垂直裝飾。在間隙中放置巧克力刨花、酸櫻桃、莧菜嫩芽和金箔。

Shortcake Exotic

參考商品

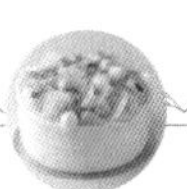

海綿蛋糕

【材料】
15cm圓形5個

全蛋…520g
細砂糖…300g
蜂蜜…28g
水飴…28g
低筋麵粉…300g
無鹽奶油…20g
牛乳…35g

【作法】

參考P153的「草莓夾層蛋糕」。使用15cm的圓形烤模，上火165℃，下火165℃，烘烤30分鐘。

百香果鮮奶油香緹

【材料】使用量

42%鮮奶油…300g
百香果果泥…60g
細砂糖…15g
白巧克力…75g

【配方的特色】

◎ 百香果製成的果泥是酸性的，與鮮奶油混合時不容易凝固，因此在製作時增加白巧克力的用量，以增強其堅固性，同時也可以增添口感和風味。

【作法】

1

鍋中倒入鮮奶油，加熱至沸騰。

2

將百香果果泥、砂糖和白巧克力放入碗中，將步驟1的鮮奶油倒入。

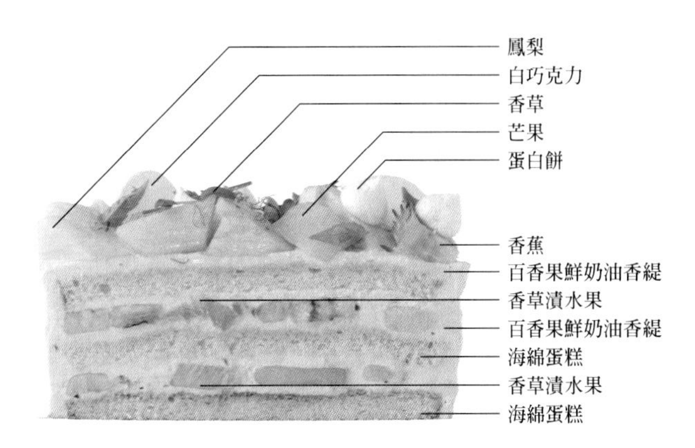

Shortcake Exotic

這款夏季的夾層蛋糕將兼具甜美和酸味的熱帶水果，搭配帶有涼感的香草（herbs）。在夾層水果中加入新鮮的香草，創造出複合性的香氣。此外，這款蛋糕糖漿的獨特之處在於使用了數種不同香草煮成的香草液。香草的選擇可以根據個人喜好進行調整，但以薄荷爲基礎，加入一些帶有獨特氣息的香草，例如迷迭香和茴香，有助於強調熱帶氛圍。在裝飾方面，採用了水果的黃色與香草的綠色，形成雙色搭配，有意識地追求了「視覺上感受美味的顏色」（捧主廚）。

組合

【組成部分】
15cm圓形多層蛋糕1個

香草漬水果
- 香蕉、鳳梨、芒果…同比例總量150g
- 檸檬皮…1/2個
- 薄荷…2g
- 羅勒…2g
- 茴香…2g

海綿蛋糕…15cm圓形1個
糖漿…150g
百香果鮮奶油香緹…450～500g
裝飾…各適量
- 芒果
- 鳳梨
- 香蕉
- 白巧克力片
- 蛋白餅
- 茴香花
- 羅勒
- 薄荷
- 黃檸檬皮碎
- 春菊
- 豆苗嫩芽

【作法】

1 製作香草漬水果。將香蕉切成薄片，鳳梨切成縱向片，大塊的芒果切成丁，放入碗中混合均勻。

POINT 考慮一口大小，確保每種水果的大小相近。

【作法】

1 製作香草液。鍋中放入水和各種香草，加熱。

2 水沸騰後，關火，蓋上鍋蓋靜置浸泡5分鐘。

POINT 避免持續沸騰或靜置時間超過5分鐘，以免引出香草的苦味或雜味。

3 用濾網過濾，獲得香草液。計量後，加入等量的砂糖，用矽膠刮刀攪拌至溶解。

4 將芒果果泥和百香果果泥放入碗中混合，加入步驟3的甜香草液和白蘭姆酒，用矽膠刮刀混合均勻。

3 使用手持電動攪拌機攪拌，直到白巧克力融化。

4 緊密貼上保鮮膜，冷藏一夜（12小時以上）。

5 組合時再進行打發。

糖漿

【材料】使用量

香草液…35g
- 薄荷、茴香、迷迭香…各1g
- 香茅、香蜂草、羅勒…各0.5g
- 水…100g

細砂糖…35g
芒果果泥…36g
百香果果泥…18g
白蘭姆酒…12g

【配方的特色】

◎ 以薄荷爲基底，加入帶有獨特風味的迷迭香和茴香，創造出複雜的香氣。

加入檸檬皮，混合均勻。

把所有香草切碎，加入步驟2中，用手攪拌均勻。

4

海綿蛋糕橫切成1cm厚的片，用刀修整邊緣。1個蛋糕切出3片。

把海綿蛋糕放在轉盤上，用刷子塗抹糖漿。

POINT 底層蛋糕塗抹糖漿時，少量即可，避免過多影響形狀。

均勻地抹上厚實的百香果鮮奶油香緹，用刮刀抹平。把步驟3的水果均勻地排列。

POINT 排列水果時，要考慮到切蛋糕時3種水果的均勻分佈。

抹上百香果鮮奶油香緹，用刮刀抹平，遮住水果並填滿空隙。

放上第2層海綿蛋糕，用刷子塗抹糖漿。第2層的糖漿可以多一些，讓蛋糕充分吸收。

重複步驟6～8，做出第2層。

10

放上第3片海綿蛋糕，用刷子塗抹糖漿。

用抹刀修整側面多餘的百香果鮮奶油香緹，並將整個蛋糕塗抹上底層。

用百香果鮮奶油香緹做表面塗抹。

在抹刀的前端加壓，轉動轉盤，在側面劃出紋路。

裝飾用的水果，切成一口大小，均勻地隨意排列在蛋糕表面。

在水果之間插入白巧克力片，均勻地插入幾處香草、蛋白餅，最後在表面撒上檸檬皮碎。

Caffarel

カファレル　神戸北野本店
（兵庫・神戸）

Chef Pâtissier

赤保和彦

生於1972年。在神戶的飯店工作後，成爲甜點師，並在飯店擔任糕點製作主管。之後成爲義大利餐廳的甜點主廚。2013年起，擔任『Cafarel神戶北野本店』的糕點主廚。

追求風味的平衡
並在蛋糕體的厚度上做出變化

位於義大利杜林的『Cafarel』擁有超過一個世紀的歷史。這個古老的品牌以混合榛果醬和巧克力所創造的松露巧克力而聞名，曾經被授予皇室御用的榮譽。儘管在義大利有咖啡館，但提供糕點的只有日本的北野本店。櫃台裡陳列著招牌商品「松露巧克力蛋糕」以及富有藝術感的蛋糕傑作。

「Strawberry Shortcake」以經典的方式結合了海綿蛋糕、鮮奶油香緹和草莓。儘管在產品行列中非主角，但卻是不可或缺的存在。赤保和彦擔任主廚後，進行了一些微小的改變，但由於長期以來有許多忠實的客人，因此保留了受歡迎的配方。海綿蛋糕的製作，中間的一層比其他兩層更厚，含有更多的糖漿，如此的組合後，時間會讓鮮奶油香緹和海綿蛋糕產生更好地融合。這也是特點之一，希望能夠讓人充分品味到海綿蛋糕的美味。

過去，草莓夾層蛋糕因爲受歡迎而成爲全年供應的商品，但從2021年開始，計劃推出使用各種水果的夾層蛋糕。首個款式將使用蜜瓜，同樣像草莓般使用厚實的果肉夾心。未來還將考慮推出與季節相關的商品。

巧克力專賣店，並持續精挑細選、精益求精，將自家品牌的巧克力有效的運用於糕點中。同時，正深入研究香料的知識，追求巧克力與香料的結合。

以名畫爲主題的蛋糕，以及獨特的設計和色彩運用，都是魅力所在。雖然基本款的草莓夾層蛋糕並不是主力產品，但卻具有不可或缺的存在感，奢華的使用草莓在視覺上極具吸引力。

利用義大利的製法和我們自家的巧克力來製作蛋糕

輕盈地創造出可以愉悅地享受巧克力和香料結合的新作品

螺旋狀的黃色線條是獨特的「Vespa」，這是一款以巧克力爲主角的新款夾層蛋糕。我們最初是在製作圓頂狀的試作品時想到，它的形狀有點像蜜蜂的屁股，並且還有另一款蛋糕「Ape」（放在橘色碟子上的蛋糕）是以蜜蜂爲靈感，因此加入了黃色的紋路來進行變化。

赤保主廚說：「大家對於巧克力專賣店的夾層蛋糕可能會有濃郁且厚重的印象，我們有意識地想改變這種印象。添加了肉桂的香料，並讓蛋糕體變得濕潤，即使在炎炎夏日，也能輕鬆地享受。」

目前，赤保主廚正在業餘時間學習孟加拉料理，並且在研究香料方面有了更深的瞭解。最初考慮在這款新品中使用香料，如肉豆蔻和茴香，這些香料與香蕉有很好的搭配。但最終他選擇了肉桂，因爲希望更廣泛的客戶群都能享受這款蛋糕。

在巧克力的選擇上，首先嘗試了70%可可含量，但在與香蕉搭配時，57%的巧克力更適合，平衡度更好。淡淡的肉桂香味也非常溫和，成人和小朋友都能享受這款美味。

入口附近設有販售區，擺放著各種多彩的產品，包括巧克力等。店內有陳列櫃和10個座位的用餐區。

接受提前3天的預訂，專爲紀念日等特殊場合而設計的慶祝甜點。

Strawberry Shortcake

561日元（含稅）

販售期間　整年

海綿蛋糕 Pan di Spagna

【材料】
48cm×33cm×5cm框模1個

全蛋…720g
加糖冷凍蛋黃(30%)…285g
細砂糖…535g
轉化糖…45g
低筋麵粉(日清 Violet)…410g
35%鮮奶油(中沢乳業 Nice Whip V)…205g

【配方的特色】

◎ 鮮奶油可作爲奶油的替代品。冷藏時，與使用奶油相比，不會使蛋糕體變得過硬，反而能帶來濃郁的乳香味。
◎ 加糖冷凍蛋黃則用於增添風味的豐厚感。

【作法】

全蛋、蛋黃、細砂糖和轉化糖放入碗中隔水加熱，同時用打蛋器攪拌，加熱至40～45℃。

POINT 溫度越高越容易產生氣泡，溫度降低氣泡會變得更加穩定。同時爲了充分溶解糖，需要加熱。

將步驟1的混合物用網篩過濾，倒入攪拌器的鋼盆中。

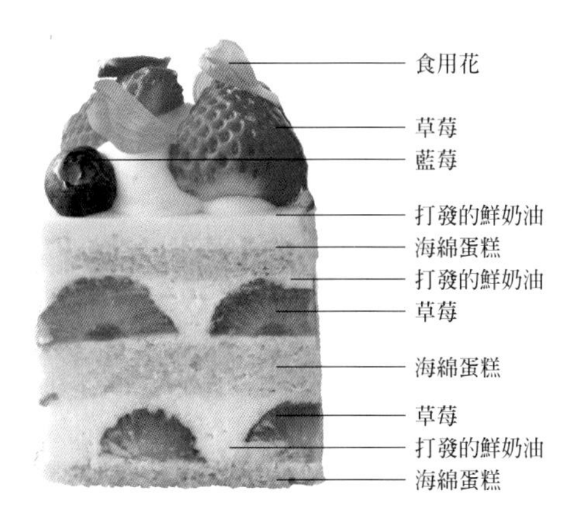

Strawberry Shortcake

繽紛的食用花，像是波斯菊、三色堇、黛安娜和玫瑰等，裝飾出華麗的視覺效果，引人注目。滿滿的草莓，切面上的鮮紅色彩也美不勝收。這款蛋糕使用的是義大利的Pan di Spagna海綿蛋糕，以加糖的冷凍蛋黃和鮮奶油，強調濃郁的風味。在3層蛋糕中，中間的海綿蛋糕切片較厚，讓食材的風味更充分地展現。根據季節的不同，店內會使用國產和進口的草莓。用於夾層的草莓如果帶有酸味，則會撒上糖粉或者以柑曼怡香橙干邑(Grand Marnier)增加風味。

在用餐區，還提供「特製盛盤」服務，售價1320日圓(含稅)。這種服務會搭配上適合蛋糕的義式冰淇淋和拉糖工藝，結合成一道奢華的盤式甜點，深受顧客喜愛。

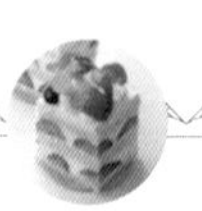

柑曼怡香橙干邑糖漿

【材料】使用量

糖漿（Baumé 糖度 30）…80g
礦泉水…40g
柑曼怡香橙干邑（Grand Marnier）
…20g

【作法】

1
將糖漿和礦泉水加入鍋中煮沸，熄火後加入柑曼怡香橙干邑。

打發的鮮奶油

【材料】方便製作的分量

40%鮮奶油（中沢乳業
Nice Whip V）…600g
細砂糖…42g

【配方的特色】

◎ 爲了凸顯鮮奶油的風味，加入總量7%的細砂糖，味道不過甜。

【作法】

1
將鮮奶油和細砂糖放入攪拌機的碗中，打發至適合使用的軟硬程度。

3
高速攪打，當混合物變得稍微白濁且濃稠時，切換至中速攪拌。攪拌約5～6分鐘，使其達到「緞帶狀」（蛋奶液稍微增稠）。

4
將步驟3的混合物從攪拌器中取出，逐漸加入過篩的低筋麵粉，用矽膠刮刀輕輕攪拌。

POINT 由於配方中的麵粉量較少，如果攪拌不均勻，烘焙後的蛋糕表面可能會凹陷。因此，需要澈底拌均勻。

5
當麵粉混合均勻後，將加熱超過50℃以上的鮮奶油倒入麵糊中，充分攪拌均勻。

POINT 攪拌均勻，直到出現光澤。

6
在框模的側邊和底部鋪上烘焙紙，將麵糊倒入模具。用刮刀整平表面，將烤盤在工作檯上輕敲，排出大氣泡。在上火175℃、下火170℃的烤箱中烘烤約50分鐘。烘烤完成後，脫模取出，倒扣並放涼。在室溫下儲存，隔天使用。

組合

【組成部分】

Petit gâteau 8個

海綿蛋糕…前述全量
柑曼怡香橙干邑糖漿…適量
打發的鮮奶油…600g
草莓（夾心用）…28個
草莓（裝飾用）…8個
鏡面果膠（Nappage neutre）…適量
藍莓…8個
食用花…適量

【作法】

1

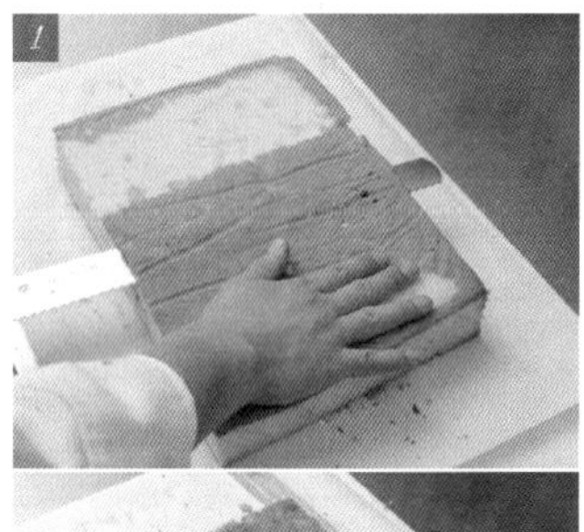

首先，用刀子將海綿蛋糕（Pan di Spagna）表面烤上色的部分切除，然後將其翻轉。從底部切成1cm、1.5cm和1cm厚的片狀。

2

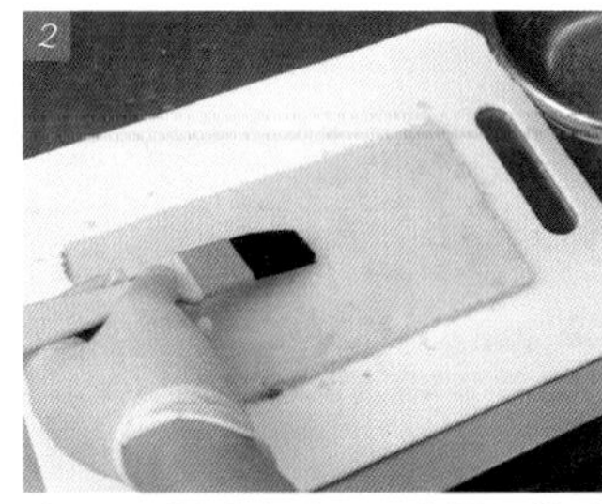

將1cm厚的底部表面刷上柑曼怡香橙干邑糖漿。

3

在2上方，用抹刀塗抹堅挺的打發鮮奶油。在厚度1.2～1.5cm的蛋糕層上均勻鋪14個切半的草莓，再塗一層打發鮮奶油，填滿空隙。

POINT 為了分切後能美觀地顯示草莓切面，請將較大的放在側邊。

4

在上面放1.5cm厚的蛋糕體，在側邊塗抹打發鮮奶油，表面刷柑曼怡香橙干邑糖漿。然後再重複步驟3。

POINT 在中間1.5cm厚的蛋糕體上，請用比1cm厚底部蛋糕體多一倍的糖漿，這樣可以使鮮奶油和蛋糕體更好地融合。

5

重疊放上1cm厚的蛋糕體，然後在側邊塗抹打發鮮奶油。

POINT 在上面覆蓋保鮮膜，然後放上砧板等施壓，使高度均勻。

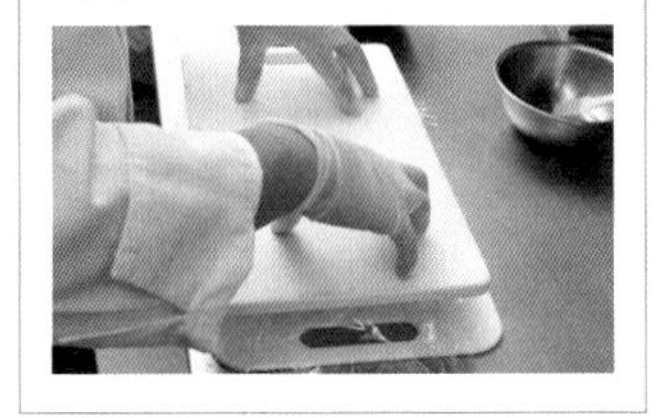

6

蛋糕體上刷糖漿，在表面和側邊輕輕地塗抹打發得較鬆軟的鮮奶油，使高度保持在5.8cm～6cm。

7

用刀將兩側修整，切成5.3cm×5.3cm的小方塊。進行裝飾之前，放入冷藏冷卻。

8

將打發鮮奶油裝入聖多諾黑花嘴（Saint-Honoré）的擠花袋中，在頂部擠花。放上縱切的草莓，刷上鏡面果膠，最後勻稱地擺放藍莓和食用花瓣裝飾。

Vespa

615日元（含稅）

販售期間　9～2月

巧克力舒芙蕾蛋糕

【材料】
48cm×33cm×5cm烤模1個

蛋白…250g
細砂糖 A…135g
蛋黃…145g
細砂糖 B…35g
蜂蜜…15g
無鹽奶油…77g
沙拉油…22g
低筋麵粉（日清 Violet）…80g
可可粉…30g

【作法】

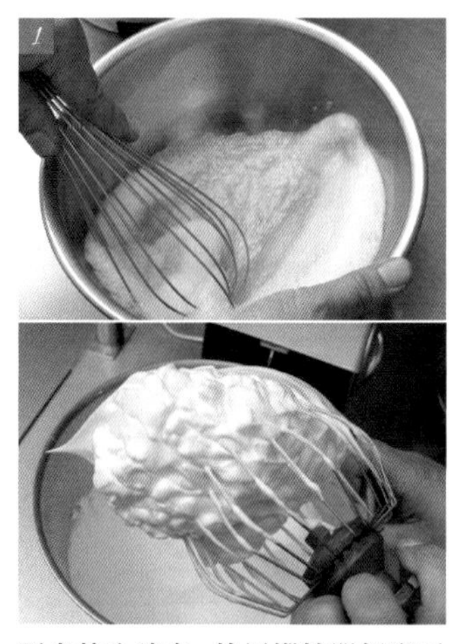

蛋白放入碗中，使用攪拌器打發至稍微起泡，過篩後倒入攪拌機的鋼盆，加入砂糖 A。以高速攪打至形成堅挺的蛋白霜。

POINT 過篩是爲了去除蛋白中的繫帶。加入砂糖的時間會影響蛋白霜的狀態，爲了確保一致性，最初就加入所有砂糖。由於砂糖的量比較大，所以蛋白霜會變得比較濃稠，但仍然要打發至堅挺。

Vespa

這款全新的巧克力夾層蛋糕使用自家品牌、可可含量57%的巧克力。將相適的巧克力、香蕉和肉桂結合在一起，透過蘭姆酒輕輕浸漬的香蕉，讓香氣更爲融合。獨特的明亮黃色螺旋圖案是新創意，味道上追求的是所有人都喜愛的口感與風味，因此沒有使用太多香料，屬於溫和的滋味。底部的蛋糕是以過去用於製作蛋糕卷的食譜，濕潤的質地，加上柔滑的巧克力奶餡，創造出輕盈的口感，是我們的目標。

【配方的特色】

◎ 爲了讓開發作爲蛋糕卷的蛋糕體更濕潤，我們調整了細砂糖和蜂蜜的比例。蜂蜜可以用水飴替換，但爲了保留風味，我們選擇使用蜂蜜。
◎ 這款麵糊也用於蛋糕卷，考慮到室溫，添加了具有流動性的沙拉油，以確保蛋糕體不會變硬。

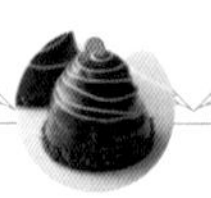

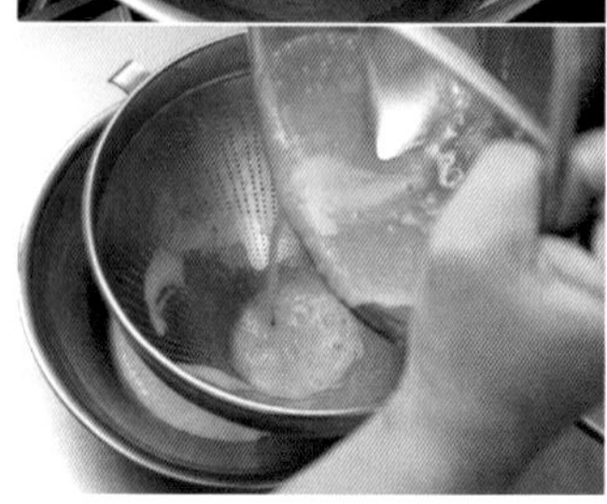

蛋黃、砂糖B和蜂蜜放入碗中混合，下墊熱水隔水加熱，同時使用攪拌器攪拌，加熱至約40℃，將蛋黃糊過篩。

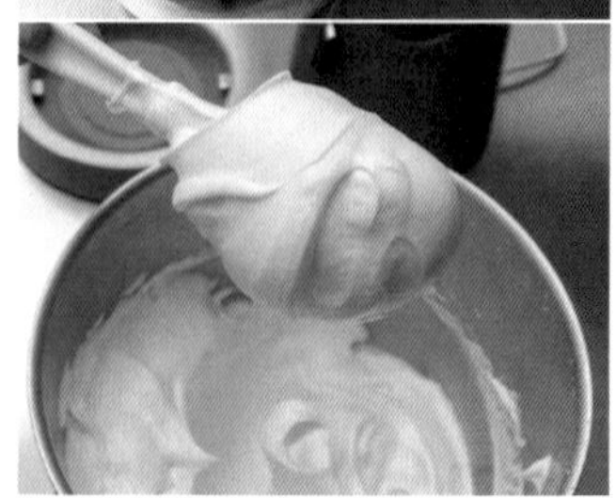

將2倒入1的蛋白霜中輕輕攪拌。從攪拌機中取出鋼盆，換成矽膠刮刀攪拌。

把隔水加熱融化的奶油和沙拉油混合，加入一部分的3，以攪拌器充分混合。

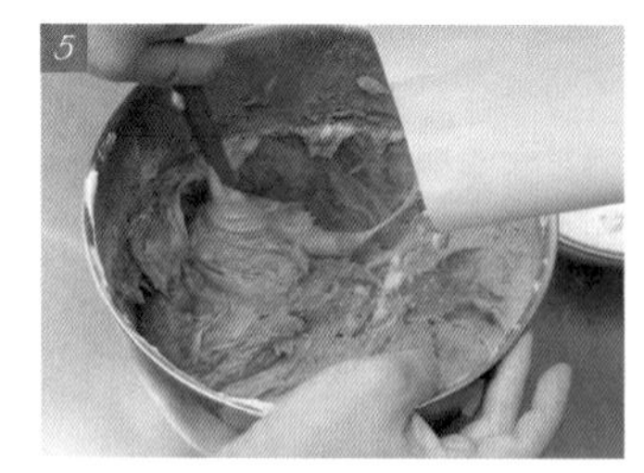

低筋麵粉和可可粉混合，過篩2次，然後加入3，用矽膠刮刀均勻混合。

POINT 粉類使用前才過篩，以便篩入空氣。可可粉的油脂容易使麵糊中的氣泡破裂，操作要迅速。

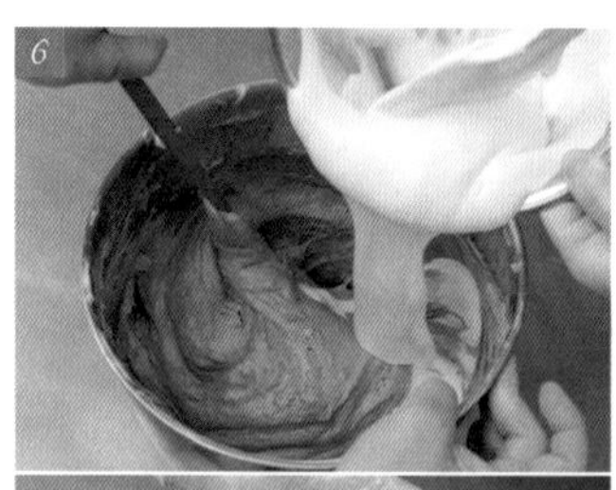

將4倒回5中，充分混合成均一的麵糊。

在模具的側面和底部鋪烘焙紙，倒入麵糊將表面整平，然後敲打底部排除大氣泡。將烤模放入已倒有少量熱水的烤盤上，以上火195℃，下火190℃烘烤約12分鐘。

從烤箱中取出，只需將側面的烘焙紙撕去，然後在網架上稍微放涼。將其常溫保存，第二天使用。

POINT 適當的蛋糕體成品應該在觸摸時有一些彈力。

肉桂甘納許

【材料】方便製作的分量

40%鮮奶油（中沢乳業 Nice Whip V）…140g
35%鮮奶油（タカナシ乳業「北海道鮮奶油」）…60g
轉化糖…22g
肉桂棒…適量（2g）
57%巧克力（Caffarel original）…150g

【作法】

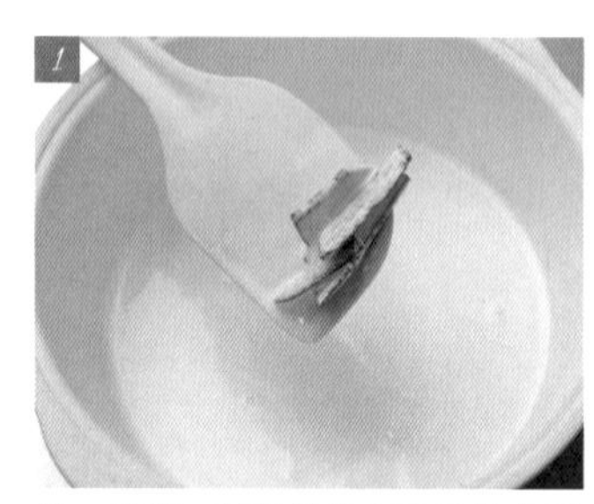

前一天將2種鮮奶油和肉桂放入碗中，使其香氣融合。

POINT 使用肉桂棒而不是肉桂粉可以帶出比較溫和的風味。

黃色鏡面

將鏡面果膠(Nappage neutre適量)融化，加入二氧化鈦粉末(titanium dioxide適量)，製成白色的鏡面果膠，然後添加黃色色素(適量)混合。

組合

【組成部分】

直徑7cm×高7.5cm圓頂模1個

巧克力舒芙蕾蛋糕…直徑7cm、6cm、4cm各1片
肉桂甘納許…適量
巧克力奶餡…適量
夾心用香蕉…適量
可可豆碎粒(cacao nibs)…適量
黃色鏡面…適量

【作法】

使用直徑7cm、6cm和4cm的壓模壓切巧克力舒芙蕾蛋糕。

【作法】

在35℃以上的肉桂甘納許中加入砂糖，用矽膠刮刀攪拌均勻。分幾次加入鮮奶油，再次用矽膠刮刀混合。將這個混合物放入攪拌機鋼盆中，打發成7分發。

POINT 加入的順序也可以先加鮮奶油，因爲鮮奶油是冷藏的，所以先少量混入較容易均勻混合。

夾層用香蕉

【材料】 方便製作的分量

香蕉…適量
糖漿…少許
蘭姆酒(Negrita 54%)…少許

【作法】

將香蕉切成1cm的片，然後用糖漿和蘭姆酒稍微地醃漬。

POINT 由於要夾在蛋糕體中，所以不必醃漬也不會有變色的問題，但爲了增添巧克力和香蕉的相容性，可以使用相適的蘭姆酒進行香氣調味。

將1倒入鍋中，加入轉化糖煮沸。加蓋靜置，進一步讓香氣融合。

巧克力下墊熱水加熱融化，將2過篩後分3～4次加入攪拌乳化。

巧克力奶餡

【材料】 方便製作的分量

肉桂甘納許(前述)…45g
40%鮮奶油(中沢乳業 Nice Whip V)…450g
細砂糖…30g

【配方的特色】

◎ 將另外調好的肉桂甘納許加入鮮奶油，呈現出濃郁的肉桂香氣，巧克力也營造出適度苦甜風味。

在直徑7cm的蛋糕體表面，以擠花袋將肉桂甘納許呈螺旋狀擠出。

POINT 由於蛋糕體已經很濕潤，不需要刷塗糖漿。

將巧克力奶餡放入擠花袋，擠在2的上方。

放上香蕉片，然後再次擠上巧克力奶餡。

放上直徑6cm的蛋糕體。

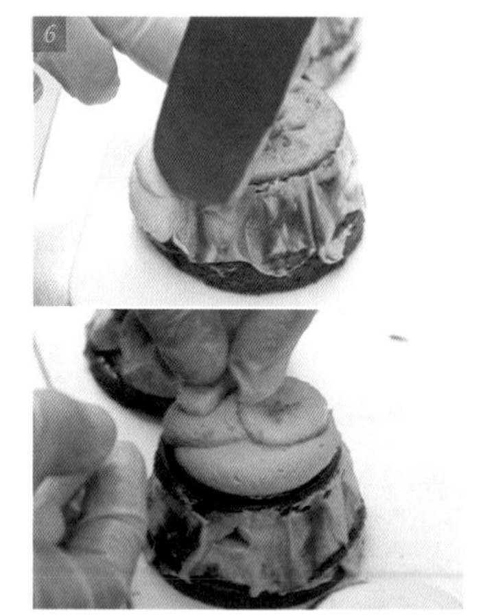

用抹刀整平溢出的巧克力奶餡，使側面形狀整齊。重複2～4的步驟。

放上直徑4cm的蛋糕體。整個蛋糕放在轉盤上，用抹刀將巧克力奶餡塗抹在側面，整體外觀漂亮滑順。

將蛋糕放入冷凍庫，使表面溫度降至5℃以下，然後將肉桂甘納許溫度調整至約27℃，垂直地從頂部淋下，同時旋轉轉盤，用抹刀將表面整平。

POINT 將表面溫度降至5℃以下，確保淋下的肉桂甘納許可以附著凝結。用抹刀整平時，部分巧克力奶餡會露出，呈現大理石狀也可以。

使用抹刀在底部黏上可可豆碎粒。

將黃色鏡面裝入錐型紙袋中，旋轉轉盤並呈螺旋狀地擠出裝飾。

Baking notes

L'ATELIER HIRO WAKISAKA

ラトリエ　ヒロ・ワキサカ

（神奈川・武藏小杉）

Owner chef

脇坂紘行

1977年、大阪府出生。大學畢業後，在大阪的「ムッシュマキノ Monsieur MAKINO」、「なかたに亭 Nakatanitei」和「キャリエール ヒデトワ CARRIERE HIDETOWA」進行學徒修業。2009年4月，加入東京自由之丘的「Mont St.Clair」，同年12月開始擔任主廚。2018年8月，開設了「L'ATELIER HIRO WAKISAKA」。

透過專用攪拌機將鮮奶油香緹打入空氣感

以「香氣」爲配方重要理念的「L'ATELIER HIRO WAKISAKA」，提供整年販售的草莓夾層蛋糕以及使用季節水果的1～2款夾層蛋糕。脇坂主廚：「草莓夾層蛋糕是店裡最基本的，所以我們非常重視。因爲它簡單，所以也容易變化，每位糕點師都會呈現不同的風味。」他表示：「因爲曾製作過許多蛋糕，所以深刻體會到穩定製作的難度。」他親自參與蛋糕體的製作和組合過程。

夾層蛋糕所使用的原材料開業前都經過再次檢視，麵粉選用穩定的日本製粉「Enchanté」，蛋則採用以蛋黃香濃爲特點的那須御養卵。中間夾有一層卡士達醬（crème pâtissière），和不在頂部放草莓的方式，延續了他先前工作「Mont St.Clair」的風格。

在入口的瞬間，凸顯出蛋糕體和鮮奶油香緹（Crème Chantilly）的輕盈。鮮奶油用專用攪拌機注入空氣，呈現蓬鬆的口感。由於海綿蛋糕非常輕軟，如果當日分切會變得脆弱，所以需冷藏一夜後再使用。因爲蛋糕體水分較多，爲了防止鮮奶油香緹和蛋糕體過度融合，特意不添加糖漿。

這樣的「水分量」是決定蛋糕風味的一個重要因素，脇坂主廚非常重視這一點。考慮到口中的融化順序和速度，選擇

脇坂主廚表示：「對我來說，享受美食是最大的動力。」他除了經常前往其他糕點店品嚐，還頻繁的吃自家製的商品，時時進行味道的檢驗，以此來提升自己「讓糕點更美味」的意識。這種做法有助於啟發新點子，同時也能不斷改進既有的產品。

因爲此地區多爲有子女的家庭，奶油泡芙和草莓夾層蛋糕等甜點非常受歡迎。現烤的費南雪和蒙布朗也有很多粉絲。

了各部分的配料並進行組合。例如，在「白桃夾層蛋糕」中，爲了加強白桃的香氣，使用了適度札實的卡士達醬，這是因爲濃郁的成分在咀嚼的過程中會在最後呈現，利用這一點，以白桃的香氣作爲餘韻的收尾。

將顧客食用前的時間過程也一併考慮

此外，脇坂主廚特別注重的一點是「創造能夠在顧客食用時仍保持美味的糕點」，這個觀念源於他在修業時的經歷。曾經認爲自己做的蛋糕處於最佳狀態，放置一段時間，然後再次品嚐，卻發現味道完全不如預期，因此感到震驚。他說：「顧客經常在白天購買蛋糕，晚上才享用。我會有意地延遲試吃的時間，確保即使放得更久一些，糕點也能美味可口，配方是在這個基礎上進行考量。」

例如，他對於製作鮮奶油香緹也下了苦心，以確保糕點即使過了一段時間後，質地仍能維持。他說：「即使按照配方製作，最初設想的味道有時也會有所偏差，所以試吃也是一個確認的過程。製作夾層蛋糕是一門深奧的藝術，它是我仍然經常反覆試作的糕點之一。」

每個部分的水分量都被認眞考慮並仔細計算口感的融化速度

位於神奈川縣、武藏小杉站北口高樓大廈的1樓，此地區因重新開發吸引許多育兒家庭定居。6.5坪現代風格的糕點櫃台，以灰色爲基調。展示了25～30種糕點和30種烘烤點心。

以季節水果製作的蛋糕，是最受歡迎的種類。

Strawberry Shortcake

561日元(含稅)
販售期間　整年

海綿蛋糕

【材料】
18cm圓形3個

- 全蛋…306.9g
- 細砂糖…200g
- 蜂蜜…34.1g
- 水…14g
- 水飴…9.3g
- 低筋麵粉（日本製粉 Enchanté）…195.4g
- 無鹽奶油…34.1g
- 牛奶…14.7g

【配方的特色】

◎ 使用全蛋製作，特點是鬆軟輕盈，極易在口中融化。加入水飴或蜂蜜，賦予濕潤的口感。
◎ 選用栃木縣那須產的「那須御養卵」，無異味，帶有濃厚的風味和甜味。

【作法】

將全蛋放入攪拌器的鋼盆中，加入砂糖和蜂蜜，輕輕攪拌均勻。

2
水和水飴混合，調成糖漿備用。

將鋼盆直接加熱，攪拌將砂糖溶化，加熱至接近體溫。

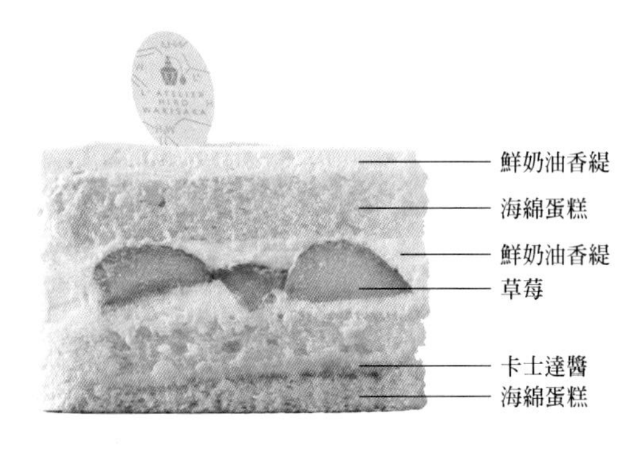

Strawberry Shortcake

柔軟且輕盈的質地，一入口的瞬間就溶化消失，只留下美味。充滿空氣感輕盈的鮮奶油香緹也與蛋糕體在口中融合爲一。採用的草莓來自茨城縣的「とちおとめ」、福岡縣的「あまおう」，夏天則使用山形縣的「すずあかね」等。由於草莓夾層蛋糕全年的需求都很高，因此在不同季節會採用不同品種的草莓，全年銷售。此外，添加香濃的卡士達層，增添濃郁的風味和香氣，在輕盈之中也具有滿足感。

4

把步驟3的混合物放入攪拌器，使用中高速打發。

5

當蛋糊體積增大且變得濃稠時，轉至中低速，加入步驟2的糖漿，輕輕混合。

POINT ▷在中高速攪拌時，形成粗糙的氣泡，然後降低速度，以調整氣泡的細緻度。
▷ 添加糖漿以增加濕潤感。

6

體積更加增大，蛋糊變得更加濃稠，轉至低速，同時調整氣泡大小，繼續打發。

POINT 在這個步驟，製作細緻而堅固的氣泡，有助於之後加入奶油和牛奶時，氣泡不易破裂並保持穩定。

7

當體積達到理想狀態時，篩入低筋麵粉，用矽膠刮刀從底部向上翻拌，輕盈地混合。

8

將融化的奶油和牛奶混合，倒入步驟7的麵糊中，充分混合。將麵糊倒入鋪有烘焙紙的烤模中。

POINT ▷由於奶油和牛奶可能不容易混合均勻，因此需要充分攪拌。
▷由於麵糊相對較軟，容易在撕下烘焙紙時破裂，因此如果使用6號烤模，可以在底部的烘焙紙上再放一層紙。

9

將烤模放入預熱至上火190℃、下火140℃的烤箱，根據步驟分4段逐步調整溫度進行烘烤。（預熱後保持此溫度烤3分鐘，然後將火力調低至上火180℃，下火溫度調至150℃烤7分鐘，將上火溫度調至160℃，下火溫度調至150℃，繼續烤8分鐘，最後關火保持餘熱烤10分鐘）。

POINT ▷前3分鐘內，使用上火烘烤以使表面變得酥脆，然後降低火力進行烘烤7分鐘。最後，在餘熱中繼續烘烤，以去除殘留的蒸氣。
▷在烤箱內放倒置的烤盤，將烤模放在上面，以防止底部過度受熱。

10

從烤箱中取出，脫模，用保鮮膜包裹裝袋並迅速冷凍。如果要立即使用，稍微冷卻後，包好存放在冰箱中。

組合

【組成部分】

Petit gâteau 10個

海綿蛋糕…18cm圓形1個
卡士達鮮奶油（crème diplomate）
┌卡士達醬…90g
└鮮奶油香緹…4.5g
鮮奶油香緹…500g
草莓…130g

【作法】

1 把海綿蛋糕從底部橫切成3片，分別厚度爲1cm、1.5 cm和1 cm，將頂部烤上色的部分切除。

2 製作卡士達鮮奶油。在碗中混合卡士達醬和鮮奶油香緹，用矽膠刮刀攪拌均勻。

3 把步驟1最底部的蛋糕體翻轉放置，用刮刀薄薄地塗抹步驟2的卡士達鮮奶油。

3 將鋼盆下墊冰水冷卻，使用打蛋器輕輕攪拌，調整質地。

POINT 專用攪拌機僅注入空氣，使用打蛋器可以保護脂肪球，確保鮮奶油香緹能夠蓬鬆並保持形狀。

卡士達醬
Crème pâtissière

【材料】方便製作的分量

牛奶…400g
香草莢…0.2根
低筋麵粉（日本製粉 Enchanté）…15.1g
玉米澱粉…18.3g
蛋黃…85g
細砂糖…79.4g
含鹽奶油…25.5g

1 在鍋中倒入牛奶，加入香草莢，加熱至沸騰，然後關火，靜置10分鐘，將香草莢的香氣融入牛奶。取出香草莢。

2 將低筋麵粉、玉米澱粉、蛋黃和糖混合，倒入步驟1的牛奶攪拌後再倒回鍋中，加熱並同時攪拌直到糊化。

3 最後加入含鹽奶油攪拌均勻。

鮮奶油香緹

【材料】方便製作的分量

42%鮮奶油（タカナシ乳業「Fresh cream」）…800g
複合鮮奶油（compound cream タカナシ乳業 Monter toujours）…200g
細砂糖…70g

【配方的特色】

◎ 使用北海道根釧地區的牛奶製作的42%鮮奶油，具有微微帶黃的色澤，豐富的濃郁口感，以及芳醇的乳香味。由於脂肪球較大且難以處理，因此混合20%的複合鮮奶油以提高操作性，在保持濃厚乳香味的同時，後味也清爽。

【作法】

1 將鮮奶油、複合鮮奶油和糖混合，稍等片刻讓糖充分溶解。

POINT 由於使用了具有泡沫性、輕盈度和穩定性的攪拌機，不同於一般的攪拌器，輕輕一攪拌就能使2種奶油迅速混合，因此需要事先充分溶解糖。

2 將1放入專用攪拌機中，注入空氣。我們可以透過9個等級調節其軟硬度，這次設定爲4.5。（ホイップマシンでエアリー Airy with whip machine）

把步驟1頂層的蛋糕體翻轉疊上，取適量鮮奶油香緹平坦地塗抹。

把去蒂切半的草莓用紙巾擦乾水分，排列在鮮奶油香緹上。再以鮮奶油香緹填滿空隙並均勻塗抹。

將步驟1中間層的蛋糕體疊上，均勻地塗抹厚實的鮮奶油香緹，先塗抹側面再塗抹表面。

POINT 先從側面薄薄的塗抹底層，再輕輕地抹平表面，在側面添加鮮奶油香緹整理厚度。重複這個步驟4～5次，最後完成光滑漂亮的外觀。

使用等分器標記，並用刀將蛋糕切成10等份。將鮮奶油香緹放入擠花袋（使用星形花嘴），擠在頂部。

白桃 Shortcake

540日元（含稅）

販售期間　7～8月後半

【作法】

桃子果泥和檸檬汁放入鍋中，加入糖和海藻糖，中火加熱至約80℃。

碗中放入蛋黃，用打蛋器輕輕攪拌，加入事先混合好的A拌勻。

將少量的1混入2攪拌均勻，然後一次加入剩餘的1，混合均勻。

混合後，再次加熱，用打蛋器持續攪拌，大火煮沸。

POINT 桃子纖維較多，可能會黏在鍋底導致燒焦，要觀察情況逐漸調低火力煮沸。

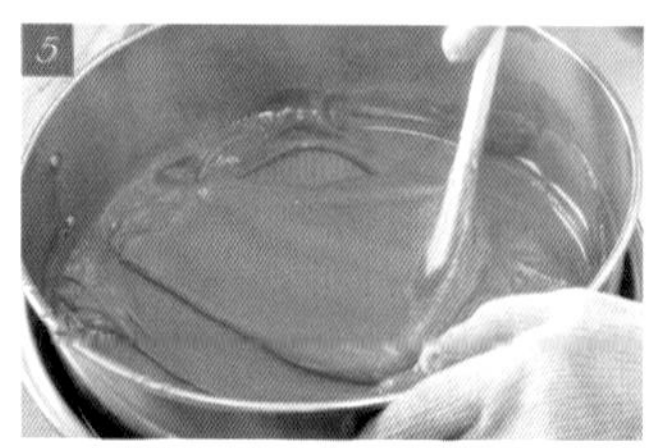
煮到濃稠後，離火過篩。

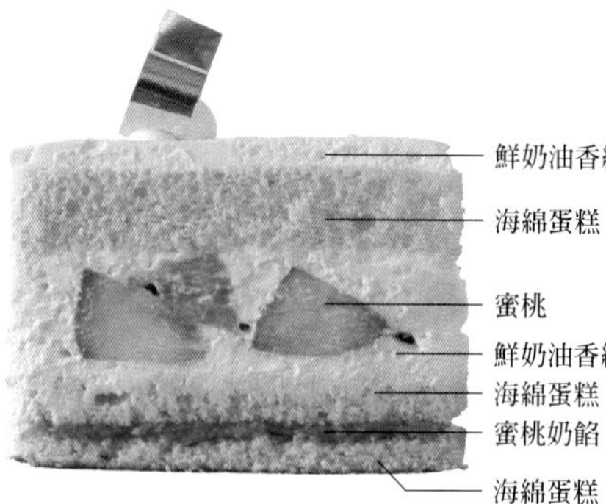

白桃 Shortcake

爲了讓食材的香氣能夠充分感受，我們不僅使用新鮮的白桃，還使用了酸度和香氣比白桃更強烈的「Pêches de vigne紅蜜桃」品種的果泥來製作蜜桃奶餡。以粉紅色的奶餡創造可愛的外觀，後味能夠感受到桃子的甜酸風味。此外，爲了讓蜜桃的餘韻持續更久，在奶餡中添加了玉米澱粉，使風味更綿長。同時，在製作奶餡的過程中，加熱可能導致桃子的香氣流失，因此最後添加果泥以增強香氣和風味。

蜜桃奶餡 Crème Pêche de Vigne

【材料】所需量

桃子果泥（La Frutière「Pêche de Vigne」）…850g
檸檬汁…150g
細砂糖…303g
海藻糖（Trehalose）…60g
蛋黃…250g
A
- 細砂糖…137g
- 海藻糖…100g
- 玉米澱粉…85g

桃子果泥（La Frutière「Pêche de Vigne」）…250g
濃縮桃子果汁（Dover「Toque Blanche」）…20g
無鹽奶油…250g

海綿蛋糕

材料、作法參照 P179「Strawberry Shortcake」

鮮奶油香緹

材料、作法參照 P181「Strawberry Shortcake」

用紙巾輕輕擦去步驟1白桃多餘的水分，均勻排列在蛋糕上，再次用紙巾輕輕擦拭，然後塗上鮮奶油香緹覆蓋住白桃並填滿空隙。

POINT 為了讓食用時感受到白桃的存在，使用大塊的白桃，鮮奶油香緹的份量相對較少，配合桃子的水分，讓口感清爽。

疊上步驟2中間層的蛋糕體，再均勻地塗上已經打發的鮮奶油香緹，先塗側面再塗頂部。使用等分器標示切割位置，然後用刀切成10等份，最後使用裝有鮮奶油香緹的擠花袋（圓口花嘴）在頂部擠花。

【作法】

白桃去皮切成1.5～2cm厚的半月形。浸泡在糖漿中30分鐘，使用前瀝乾水分。

2

海綿蛋糕橫切，從底部開始分別為1cm、1.5cm、1cm的3層，切除最上方烤上色的部分。

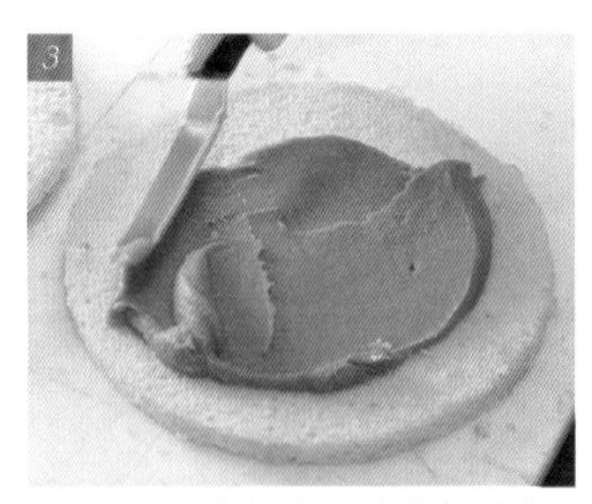

將步驟2最底層的蛋糕體翻過來，塗上薄薄一層的蜜桃奶餡。

把步驟2中最上層的蛋糕體蓋上，均勻地塗上一層的鮮奶油香緹。

將碗下墊冰水冷卻，加入桃子果泥和濃縮桃子果汁，混合均勻。

POINT 加熱可能使桃子的顏色和香氣消失，因此最後添加桃子果泥和濃縮桃子果汁。

添加室溫的奶油，使用手持攪拌機混合均勻，使其乳化。

8

在冷藏庫降溫後，冷凍保存。

組合

【組成部分】

Petit gâteau 10個

白桃…1.5個
糖漿 ※1…適量
海綿蛋糕…18cm圓形1個
蜜桃奶餡…90g
鮮奶油香緹…420g

※1糖漿
糖漿（Baumé糖度30）混合白桃利口酒（Regina White Peach Liqueur）和檸檬汁。

La Pâtisserie Joël
ジョエル
（大阪・淀屋橋）

Owner chef
木山 寛

1962年出生。於大阪Plaza Hotel師從安井寿一先生。於1987年至1991年間前往法國，擔任餐廳「ロワジス」的糕點主廚，隨後返回日本，回到Plaza Hotel工作。於1997年獨立創業，經營位於大阪八尾市的糕點店，並於2008年在淀屋橋odona開設分店。

將重點放在蛋糕體製作上
以此構建整體的平衡

位於大阪淀屋橋的「La Pâtisserie Joël」，店主兼主廚木山寬，曾在被譽爲「食之Plaza」的大阪Plaza飯店累積多年經驗後，於此獨立經營。他秉持著以傳統法式糕點爲基礎，同時著重於將日本人獨有的感性融入，製作出引人入勝的甜點。

店內同時提供13款蛋糕，其中尤以全年供應的水果夾層蛋糕（Shortcake）最受重視。木山寬主廚表示：「夾層蛋糕是我們的代表商品，可以輕易地品嚐到本店的風格和美味，是基礎也是入門的糕點。儘管看起來簡單，我卻認爲這是最難的蛋糕之一。」

在製作夾層蛋糕時，木山寬主廚最注重的是蛋糕體的製作。

他表示：「雖然我們會注重整體的平衡和構成，但基礎的關鍵在於如何表現蛋糕體。理想中的蛋糕體是能夠享受到鮮明的風味，同時在與鮮奶油結合時，能夠在口中融化得恰到好處。這對我來說是最重要的。」

在蛋糕體製作過程中，最注重的是蛋的打發方式。他會在攪拌器中將蛋糊打發接近鋼盆上緣，使蛋糊柔軟有韌性。這樣的蛋糊能夠在添加麵粉時不會下沉，並且在加入油脂時，氣泡不容易破裂。

他解釋：「這樣可以充分地使麵粉吸收蛋液中的水分，從

自從Plaza Hotel時代開始，木山主廚就一直將學徒時代和法國留學時學到的食譜詳細地以插圖形式整理記錄在筆記本中，這些筆記至今仍是他的創意來源。

糕點店由家族經營，木山先生的理念傳承給了長子亮、長女めぐみ和次女ひとみ。

位於商業區的糕點店，內部優雅精緻。以糕點爲主，近年烘焙點心作爲伴手禮的需求也不斷增加，店內有多款商品可供選擇。此外，還設有咖啡座空間，提供季節性的甜點。

而在烘烤後也不會變得乾燥，而是保持著濕潤的質感，輕盈卻充滿風味。全蛋的打發過程，是製作蛋糕的基礎之一。透過這樣的方法，蛋糕的成品質地會有顯著的改變。」

適當的使用砂糖 讓整體的風味更調和

此外，糖的使用也是這家店的特點之一。糖不僅僅能增加甜度，還能提升美味，因此，例如在製作鮮奶油香緹時，一般來說會使用5%至7%的糖，但「La Pâtisserie Joël」會使用高達10%的糖。原因是，如果減少糖的使用量，就無法眞正感受到水果的甜度和美味，整體平衡也會受到影響。然而，打發方法仍然是關鍵，透過充分的打發，不僅可以避免甜味過於突出，還可以呈現適中的甜味。

蛋糕體的風味和口感，水果的甜，以及充當載體鮮奶油香緹的味道，如何在其中取得黃金比例的平衡，這正是夾層蛋糕的魅力所在，木山主廚說。

「由於結構簡單，僅僅是變化蛋糕體的口感或鮮奶油香緹的量，味道就會完全不同，即使使用相同的材料，只要打發麵糊泡沫的方式或添加粉的時機不同，味道也會有所變化。這讓夾層蛋糕成爲一種能夠評估製作者實力，嚴格且深奧的糕點，我認爲這正是夾層蛋糕的魅力所在。」

透過各種多樣的蛋糕體製作方法 創造出充滿獨創性的蛋糕

店裡總是擺滿了超過13種的小蛋糕。像是以和三盆糖和黑糖爲主角，獨特的「和三盆」。還有品嚐3種巧克力風味和口感的「金字塔」等。這些糕點不僅能凸顯原材料的風味，還仔細考量了品嚐後的餘韻，因此受到高度評價。

白桃夾層蛋糕

700日元（含稅）
販售期間　6～8月

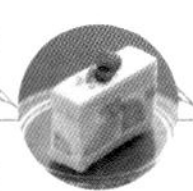

蛋糕體 SP

【材料】
60cm×40cm 烤盤 3 個

全蛋…1500g
乳化劑（ユニテックス SP）…50g
上白糖…625g
低筋麵粉（Nippon「Sirius」）…625g
香草精（Vanilla essence） 1 小匙

【配方的特色】

◎ 爲了直接表現蛋的風味，不添加任何油脂成分。由於鮮奶油香緹已經含有足夠的脂肪，這也是爲了避免過多的油脂。
◎ 製作夾層蛋糕的小麥粉選用北海道產的小麥。這種小麥粉粒細緻，內部結構均勻，與打發的蛋糊可完美融合，這是特點之一，最終可呈現出濕潤且輕盈的口感。

【作法】

1
將蛋和乳化劑放入攪拌碗中，以中高速攪拌起泡。

蛋打散後加入糖，以中高速攪拌混合。

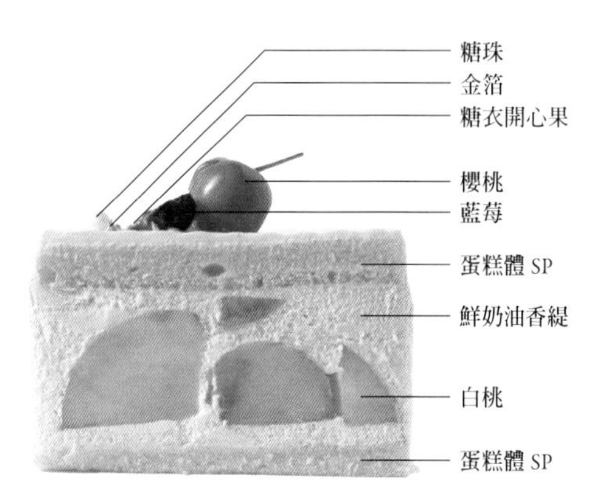

白桃夾層蛋糕

季節性的糕點，像草莓、洋梨等的水果夾層蛋糕，最受歡迎的就是這款以白桃爲主的產品。值得一提的是使用白桃的方法，店內使用完全成熟的白桃，不切片，而是將整塊白桃夾在蛋糕體中，使其成爲一款眞正能夠品味水果美味的蛋糕。而鮮奶油香緹則強調了白桃的“美味”，糖分設定在較高的 10%。輕盈的蛋糕體具有良好的口感，口中白桃的清爽美味感會迅速擴散，然後蛋糕體會輕輕地包裹住美味，讓您享受到美妙的滋味。

鮮奶油香緹

【材料】所需量

複合鮮奶油(compound cream Meiji「Fresh Whip」)…1000ml
45%鮮奶油(Meiji「Fresh Cream 45」)…3000ml
甜菜糖…400g

【配方的特色】

◎將脂肪含量爲45%的鮮奶油與乳脂含量20%的複合鮮奶油(植物性脂肪含量25%)混合,以增加保持形狀的能力和穩定性,同時使口感更輕盈。

◎糖的用量一般爲整體重量的5～7%,這裡將糖的比例提高至10%,不僅增強了鮮奶油香緹的風味,更能帶出美味。

【作法】

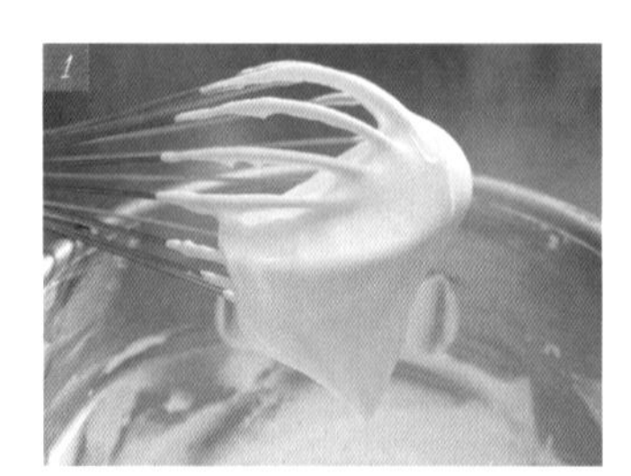

1 將所有材料放入攪拌碗中,以中高速攪拌,直到拉起尖端出現鳥嘴狀,打發成6分發。

3 等到泡沫豐滿且堅挺時,一次加入過篩的低筋麵粉,並將攪拌速度降至中速。途中添加香草精。

POINT ▷麵糊在攪拌碗的邊緣要豎立得穩固。這一步驟的操作對於讓粉料不易沉澱至底部非常重要。
▷店裡爲了重視麵糊的攪拌方式,在放置攪拌機的天花板位置設置了燈光,以便更清楚地觀察鋼盆內部情況。

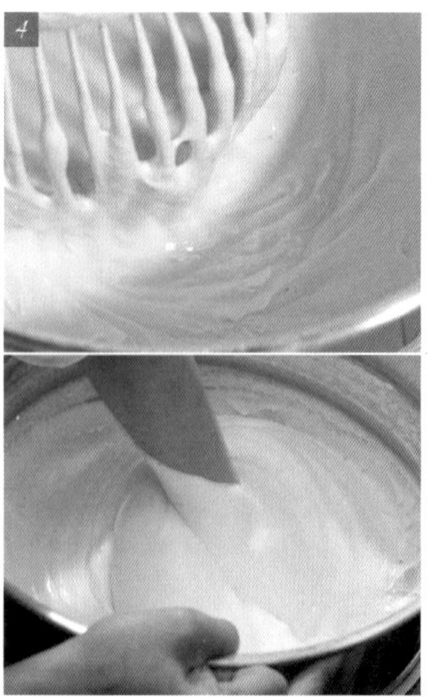

4 等到整個麵糊呈現光澤時,關掉攪拌機,將麵糊倒入鋼盆中,用手輕輕翻拌混合。

POINT 低筋麵粉充分混合後會使麵糊變得有光澤,請確認這一點。使用手指的感覺而不是工具,檢查麵糊的溫度是否均勻,以及麵粉是否混合融入。

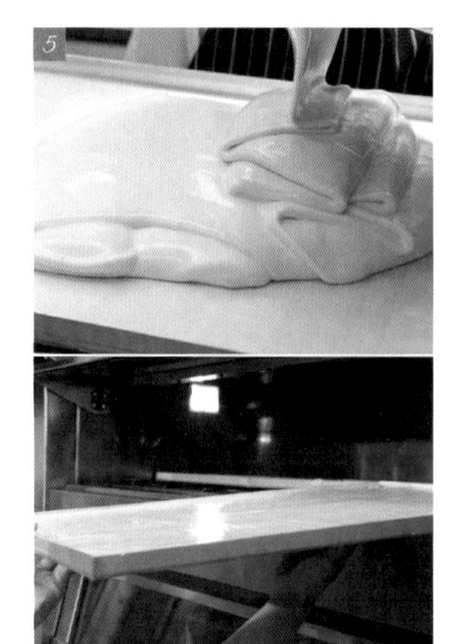

5 將麵糊均勻分成3份,分配在鋪有烘焙紙的3個烤盤內,放入上火175℃,下火165℃的烤箱中烘焙18分鐘。

6 從烤箱取出後,立即放入急速冷凍庫中冷凍(組裝時解凍使用)。

組合

【組成部分】

Petit gâteau 11個

白桃(大尺寸)…6個
蛋糕體 SP…11cm×40cm 2片
鮮奶油香緹…800g
(依白桃大小而有少許變動)
裝飾(櫻桃、藍莓、糖衣開心果、糖珠、金箔)…各適量

【作法】

將白桃剝皮,去核切成稍微大一些的塊狀。

POINT 切得大塊一些,以便食用時能充分品嚐到白桃的風味,而不是切成薄片。

把冷凍的蛋糕體 SP解凍至常溫,將長邊切成10cm的寬度。每個蛋糕使用2片。將已經打發的鮮奶油香緹裝入擠花袋擠在蛋糕上,用抹刀均勻塗抹。

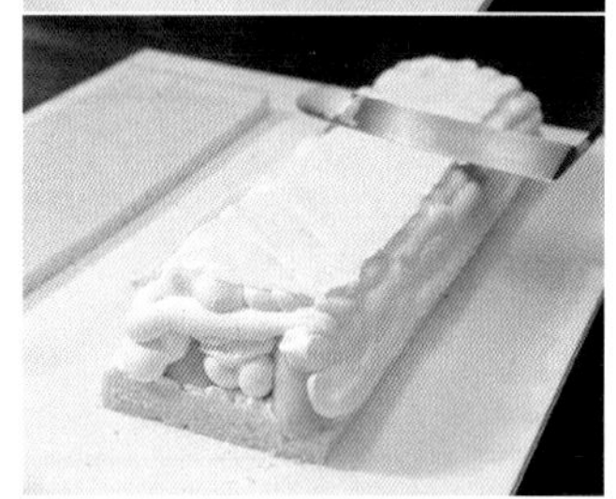

將白桃塊放在上面,擠上鮮奶油香緹填滿空隙,繼續擠入鮮奶油香緹直到達到所需高度,最後用抹刀整平。

POINT 如果水果含水量高,可能會影響鮮奶油的口感,因此,應使用廚房紙巾輕輕拭乾水分。

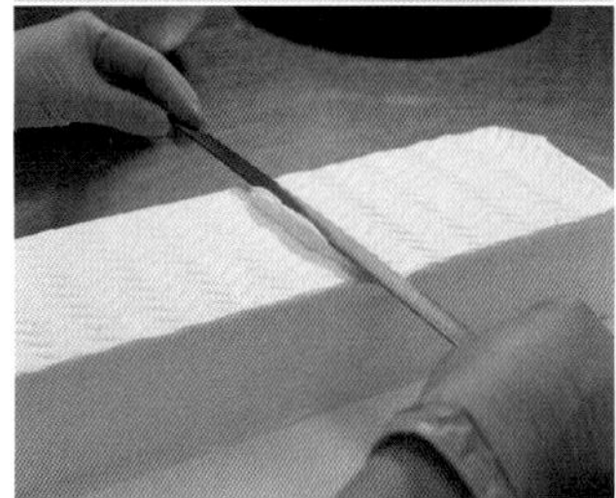

將另一片蛋糕壓在上面,用鮮奶油香緹將表面覆蓋。側面也要塗滿鮮奶油香緹,直到白桃不再外露。

將蛋糕切成3.5cm寬的長方塊,並加上裝飾。

香蕉卷

500日元（含稅）
販售期間　整年

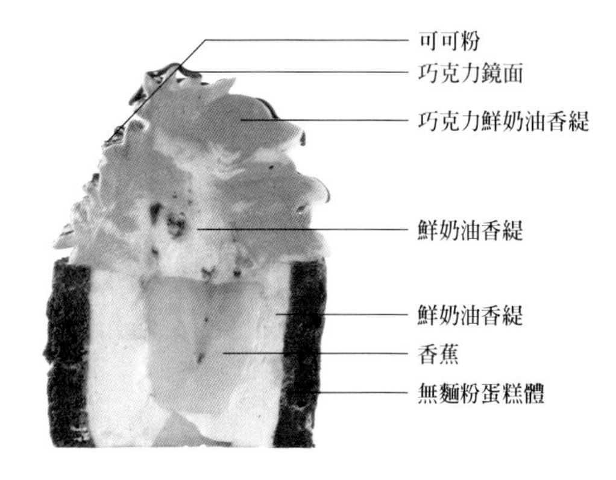

香蕉卷

如同烘焙定型的蛋白餅，以不添加麵粉的蛋糕體（Biscuit sans farine）爲特色的一道甜點。儘管通常情況下不含麵粉，但藉著獨特的製作方法，成功將輕脆的無麵粉蛋糕體變得濕潤細膩，然後用此蛋糕體包裹成熟的香蕉，加上鮮奶油香緹和巧克力鮮奶油香緹作爲表層裝飾。透過使用2種不同的鮮奶油香緹，不僅可以豐富風味，還能在組裝時呈現出彷彿混合霜淇淋的有趣模樣。這道甜點不僅造型獨特，還能品嚐到成熟香蕉的口感、柔滑的鮮奶油以及蛋糕體與其他成分，在口中緩緩融化的絕妙滋味。

【配方的特色】

◎ 在不使用麵粉的情況下製作蛋糕體，通常會產生鬆脆輕盈的口感，但透過改良製作方法，不僅可以保持良好的口感，也使蛋糕更加細緻濕潤。

無麵粉蛋糕體 Biscuit sans farine

【材料】

60cm×40cm烤盤2個

- 無鹽奶油…375g
- 糖粉…125g
- 蛋黃…500g
- 蛋白…750g
- 細砂糖…250g
- 可可粉…225g

【作法】

1 在攪拌機的攪拌盆中放入奶油，用打蛋器輕輕攪拌後，加入糖粉，然後將攪拌機設置在低速混合。

2 當奶油霜打入空氣且顏色變淺時，分幾次加入蛋黃，低速攪拌混合。

POINT 爲了防止油水分離，務必要低速緩慢混合，使奶油和蛋黃充分融合。

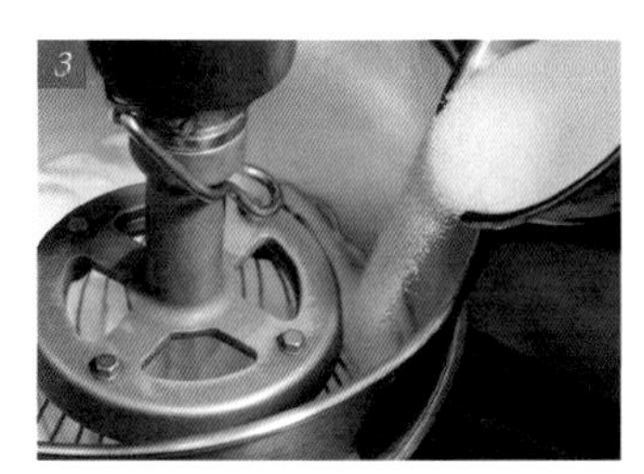

3 在另一個攪拌盆中放蛋白，中高速攪拌打發，加入細砂糖，切換到高速，繼續打發直到蛋白霜堅挺。

POINT 當攪拌盆邊緣出現大泡沫時，這就是加入糖的時機。

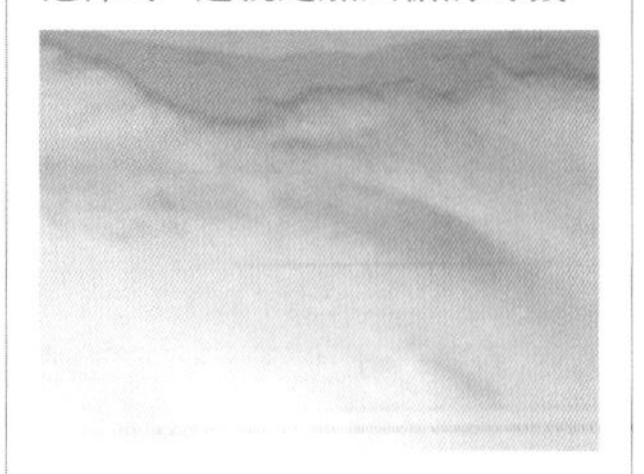

4 取出1/3的步驟3，加入2用手充分混合。

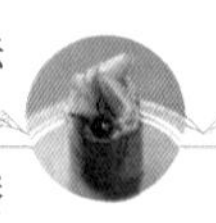

把完全成熟的香蕉去皮，整根放在蛋糕體上，與蛋糕體的寬度相符。

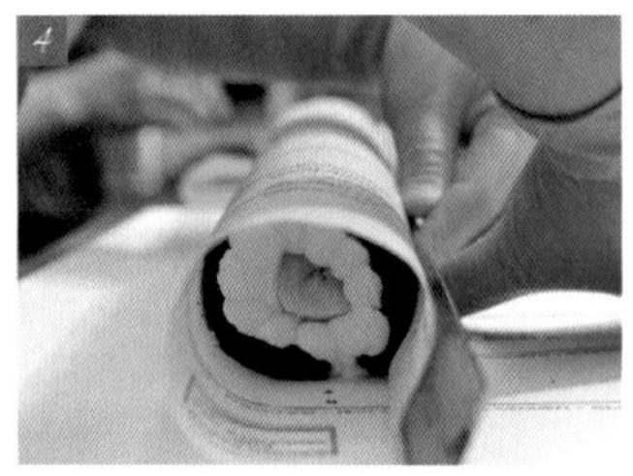

像蛋糕卷一樣，緊緊地捲起來。

切掉兩端後，將蛋糕卷切成4.5cm寬，切面朝上。

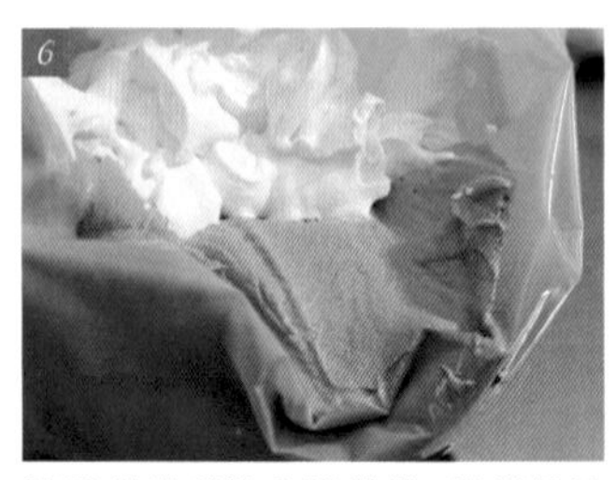

將星形花嘴裝入擠花袋，將鮮奶油香緹和巧克力鮮奶油香緹分別裝入袋內的兩側。

像擠霜淇淋一樣擠出，篩上可可粉並擠上巧克力鏡面，擺上其他裝飾。

巧克力鮮奶油香緹

【材料】 方便製作的分量

64%甜巧克力…40g
牛奶…適量
鮮奶油香緹（參考 P190）…200g

【作法】

1

在碗中放入甜巧克力，用隔熱水加熱法融化，加入牛奶，攪拌成柔軟的甘納許狀。

2

將打發至6分發的鮮奶油香緹加入，用攪拌器輕輕攪拌，然後打發至堅挺。

組合

【組成部分】
Petit gâteau 8個

無麵粉蛋糕…15cm×40cm 1片
鮮奶油香緹…400g
巧克力鮮奶油香緹…150g
香蕉…2～3根（成熟的）
裝飾（鳳梨、草莓、糖霜開心果、糖珠、巧克力鏡面、可可粉）…各適量

【作法】

1

把無麵粉蛋糕體切成15cm×40cm大小。

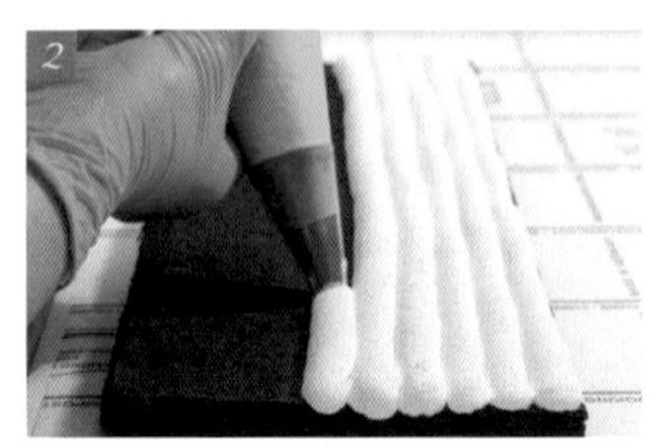

用打發至堅挺的鮮奶油香緹，裝入圓口花嘴的擠花袋中，擠出大約6mm厚的一層。

逐漸加入可可粉到4中，混合均勻。

將剩餘的蛋白霜混入5，充分攪拌。

將可可蛋糊分成2份，均勻鋪入2個舖有烘焙紙的烤盤內，以上火190℃、下火160℃的溫度在烤箱中烘烤14～15分鐘。

鮮奶油香緹

材料、作法參考 P190「白桃夾層蛋糕」

女兒節 Shortcake

680日元(含稅)

販售期間　3月1日～3日

女兒節 Shortcake

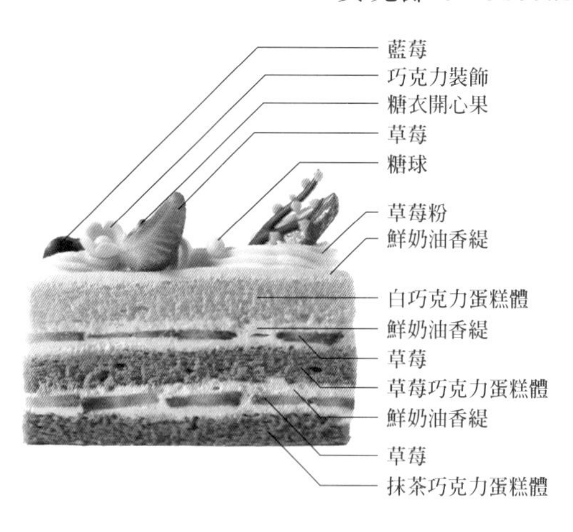

女兒節 Shortcake

這款限定的女兒節蛋糕以菱餅爲靈感，使用白色、綠色和紅色3種巧克力蛋糕來構成。通常巧克力的風味會透過可可粉來呈現，但這次特意選擇使用巧克力本身，讓蛋糕能夠品嚐到巧克力的風味和香氣。採用獨特的製作方法，在混合巧克力前，將不同顏色的麵糊分別打發到最大限度，以突顯各自的風味。爲了能夠嚐到各種蛋糕體的風味，加入了薄片的草莓作爲夾心，使口感和味道都有所變化，同時考慮到整體的平衡。鮮奶油香緹也要充分打發，以便與整個蛋糕融合，吃起來更加輕盈。

抹茶巧克力蛋糕體

【材料】

60cm×40cm 的烤盤3片

全蛋…1890g
上白糖…540g
覆淋巧克力(Couverture Meiji 彩味抹茶)…375g
牛奶…300g
鮮奶油…60g
綠色食用色素…少許
低筋麵粉(Nippon「Sirius」)…375g

【作法】

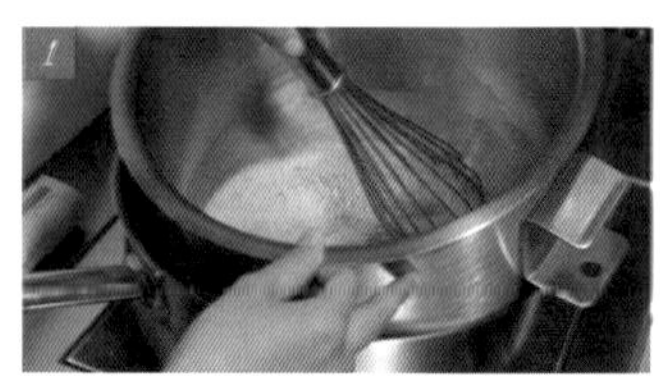

全蛋和砂糖放入攪拌碗，以攪拌器混合隔水加熱將溫度升至60℃。

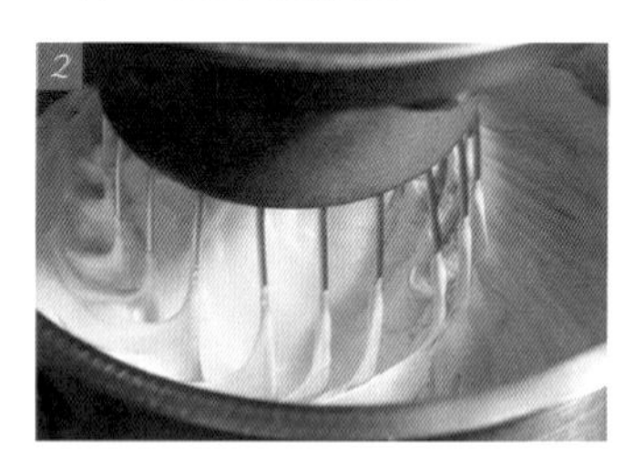

使用攪拌機進行攪拌。從高速到中高速再到中低速，逐漸降低速度並持續攪拌，以形成穩定的氣泡。

POINT 切換速度時應根據蛋糊的狀況進行。從高速切換到中高速時，蛋糊體積會增加。當速度下降蛋糊下沉，攪拌至再次上升並稍微出現光澤時，切換至中低速。再次下降但經攪拌又再次上升，且出現光澤且氣泡的粒子細小時，停止攪拌。

在碗中放入覆淋巧克力、牛奶和鮮奶油，使用攪拌器進行攪拌，然後隔水加熱使其融解並乳化。

POINT 溫度超過50℃時，巧克力的風味會流失，因此應注意不要過度升溫。

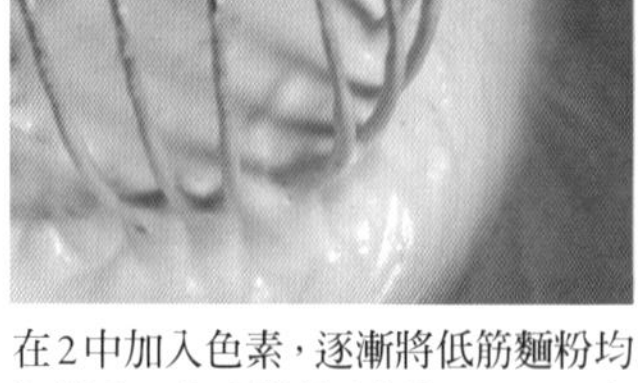

在2中加入色素，逐漸將低筋麵粉均勻撒入，充分攪拌(大約30～40次中高速)。出現光澤時，停止攪拌。

POINT 添加色素到蛋糊中是爲了避免烘烤後顏色的彩度降低。

把一部分麵糊放入3，充分攪拌。

POINT 將部分麵糊先拌勻，有助於更容易混合。

疊上草莓巧克力蛋糕，塗上薄薄的鮮奶油香緹。重複步驟2。

放上白巧克力蛋糕體，表面塗抹一層鮮奶油香緹。

將側面修整整齊後，切成3.5cm寬的塊狀，表面擠上鮮奶油香緹裝飾。

從上方輕輕撒上草莓粉，擺放草莓，用鏡面果膠塗抹草莓表面，加上其他裝飾。

鮮奶油香緹

材料、作法參考 P190「白桃夾層蛋糕」

組合

【組成部分】

Petit gâteau 11個

白巧克力蛋糕體
…11cm×40cm 1片
草莓巧克力蛋糕體
…11cm×40cm 1片
抹茶巧克力蛋糕體
…11cm×40cm 1片
鮮奶油香緹…300g
草莓（夾心用）…400g
草莓粉（將冷凍草莓打成粉再混合防潮糖粉）…適量
草莓（裝飾用，縱切4等分）…22片
鏡面果膠…適量
裝飾（藍莓、巧克力裝飾、糖球、糖衣開心果）…各適量

【作法】

1

在抹茶巧克力蛋糕上薄薄地塗抹一層鮮奶油香緹。

鋪上切片的草莓，然後再塗上薄薄的鮮奶油香緹。

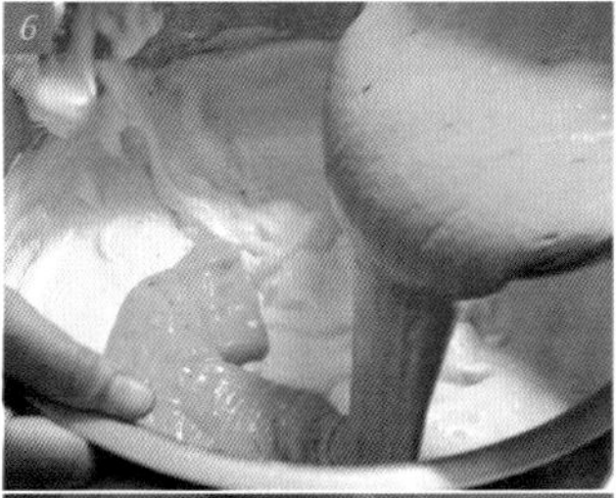

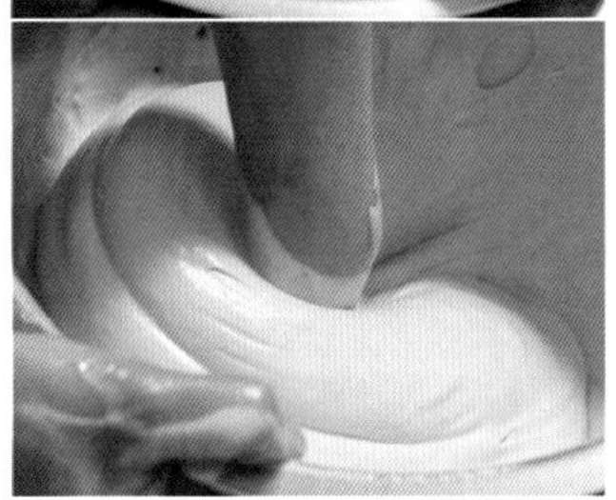

把5倒回到4中，用手充分混合。

POINT 用手攪拌感受溫度，確保均勻。

將麵糊分成3等份，均勻地鋪入鋪有烘焙紙的烤盤上，使用上火165℃、下火155℃的烤箱烘焙14～16分鐘。

白巧克力蛋糕體

以「抹茶巧克力蛋糕體」爲參考，將材料中的巧克力替換爲「Couverture Meiji味わいホワイト」，不使用色素，分量和製作步驟相同。

草莓巧克力蛋糕體

以「抹茶巧克力蛋糕體」爲參考，將材料中的巧克力替換爲「Couverture Meiji彩味苺」，替換爲紅色食用色素，分量和製作步驟相同。

Pâtisserie Camélia ginza

パティスリー カメリア ギンザ

（東京・銀座）

Chef pâtissier

遠藤泰介

生於1986年。畢業於調理師學校後，曾在「Pierre Hermé IKSPIARI」和「The Peninsula Tokyo」進行修業。在國內外的比賽中多次獲獎。2018年成爲備受歡迎的人氣店鋪「Pâtisserie Camélia ginza」的糕點師。2021年在伊勢丹新宿店和澀谷東急 Food Show開設分店，深受歡迎。

在顧客需求的考量下
重視傳統風格

尊重經典作品，同時交織創新思維的甜點提案，年輕有爲的糕點師遠藤泰介受到廣泛關注。在產品開發方面，遠藤師傅說：「最重要的絕對條件是讓客人感到愉快。不是以自己爲中心，而是提供建議，避免給人一種強加的感覺，同時考慮展示方式的美味提案」。

對遠藤師傅來說，水果夾層蛋糕是「只有日本的糕點師才能做得美味」。日本和法國的小麥粉成分和食物口味不同，正因爲有日本製的低筋麵粉和日本的飲食文化，夾層蛋糕才能誕生。遠藤師傅表示：「如果是法國人做，味道就會變成法國人喜歡的味道；如果是日本人做，就會成爲日本人喜歡的味道。法國人吃可能會缺乏衝擊，但對於日本人來說，夾層蛋糕仍然是最好的選擇。」

對於日本人來說，夾層蛋糕是從小就熟悉、生日時也會享用的甜點。正因爲理解這種情感，提供符合傳統的經典夾層蛋糕，堅守「海綿蛋糕、鮮奶油、草莓的組合，口感柔軟」的標準。

在水果的選擇方面，雖然曾考慮過除了草莓之外的時令水果，但由於很少有人討厭草莓，且位於銀座這個地點，喜歡

當常客光臨時，會親自打招呼，積極聆聽對產品的意見和要求。此外，會在店附近散步，觀看銀座精品店的櫥窗，感受流行趨勢，並將其作爲產品開發的靈感來源。

從正面看，整個店鋪細心設計得像是一個櫥窗，讓人一眼就能瞥見內部。在深處可以看到製作糕點的師傅們，他們也是店鋪的一部分。所有商品都是由這些師傅們製作，這也是店鋪的魅力之一。

傳統夾層蛋糕的人經常尋找經典的草莓夾層蛋糕，因此一直都有供應。

希望帶給客人愉悅的心意 孕育出新的特色產品

『Pâtisserie Camelia ginza』是一家擁有多種類型糕點，包括馬卡龍、巧克力和烘焙點心等的糕點店。提供多樣選擇，讓顧客感到滿意。這次他們提出的新款「夾層蛋糕」有烘焙版本和馬卡龍版本。

烤焙版本的「Cake shortcake」在外觀和味道上都讓人聯想到夾層蛋糕，獨特的表現方式。同時，這款蛋糕保存期也很長，方便攜帶並且不容易損壞。

而馬卡龍版本則是遠藤師傅的招牌之一。以食用色素上色的紅色馬卡龍和白色馬卡龍，夾著香草籽的鮮奶油和糖漬草莓。從外表看，它就像夾層蛋糕，味道也完美呈現了夾層蛋糕的風味。

這些獨特的產品背後，都是出於「希望帶給顧客愉悅」的初衷。遠藤師傅表示：「製作美味的食物很重要，但服務更加重要」。他們積極聆聽顧客的聲音，將這些意見融入商品中，這正是『Pâtisserie Camelia ginza』受歡迎的根本原因。

深入考慮了飲食文化和歷史背景 徹底開發出符合日本人口味的產品

小蛋糕（petit gâteau）部分，提供約20種經典口味。而多層蛋糕（entremet）則接近10種。無論哪一種，最受歡迎的還是「草莓夾層蛋糕」，疫情前周末一天，單單這款蛋糕就能賣出約100個。

品嚐草莓的 Shortcake

680日元（含稅）

販售期間　整年

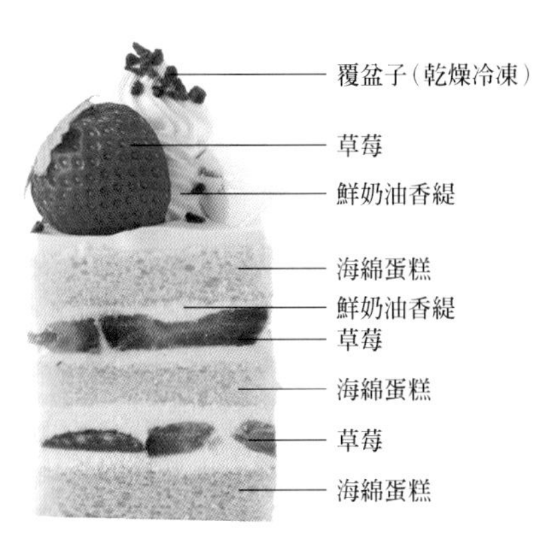

品嚐草莓的Shortcake

這款經典的夾層蛋糕全年提供。在小蛋糕和多層蛋糕中，都是店裡最受歡迎的。開發這款蛋糕時，以「就像童話中出現的美味蛋糕」爲設計理念。蛋糕大小設計得看起來「美味可口」，因此尺寸相對較大。表面的鮮奶油香緹被擠在中央，呈現出霜淇淋的形象。爲了製作出在口中迅速消失的口感，我們精密計算了海綿蛋糕和鮮奶油香緹的硬度以及比例的平衡。由於草莓的甜度會隨著季節而變化，透過調整鮮奶油香緹的甜度來實現穩定的口味，確保整年的一致性。

除了草莓外，還有使用馬卡龍裝飾的蛋糕版本。提供4號到6號大小。圖片是4號尺寸，售價爲4400日元。

海綿蛋糕

【材料】

36cm×18cm框模1個
※Petit gâteau 18個

全蛋…235g
細砂糖…135g
蜂蜜…13g
水飴…13g
低筋麵粉（Nippon「Affinage」）
…135g
無鹽奶油…25g
牛奶…64g

【配方的特色】

◎ 麵糊使用非常細緻的低筋麵粉，打造濕潤的蛋糕體。
◎ 僅用細砂糖會導致蛋糕體顏色變深，因爲糖會進行梅納反應。爲了避免表面過度上色，採用蜂蜜和水飴混合。蜂蜜賦予微妙的風味，水飴則保持濕潤感。

【作法】

全蛋、細砂糖、蜂蜜和水飴放入攪拌碗輕輕攪拌加熱至38℃（參考下圖），充分融化細砂糖避免底部燒焦。當溫度達到30℃，會出現氣泡（參考上圖）。

POINT 加熱可以降低蛋的表面張力，使打發更容易。在這個溫度區間，含有空氣的蛋糊熱傳導率較低，注意不要打入太多的空氣。

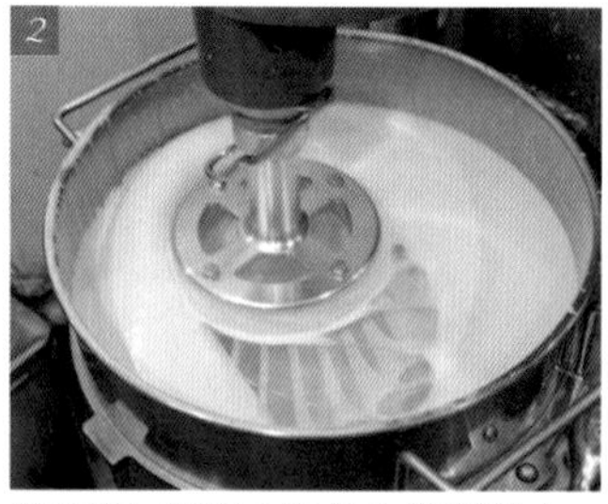

將步驟1的混合物放入攪拌機中，使用高速攪拌。過一段時間，會出現膨脹的體積（參考圖片）。然後將攪拌機調至中高速，繼續攪拌。

當出現光澤時，將攪拌機調至低速，繼續慢慢攪拌，直到體積下降（參考上方圖片）。當蛋糊拉起時，緩慢垂下會稍微保留一些紋路時，可以停止攪拌。

POINT 在步驟2，以較高溫度迅速打發蛋糊，然後在步驟3以低速攪拌，可以創造出烘烤時不容易破裂的細小氣泡。同時，如果蛋糊太膨脹，會使得蛋糕體變得粗糙，所以要稍微控制打發度。

4

將低筋麵粉篩過，備用。

5

將奶油和牛奶放入碗中，以微波爐加熱至40℃。

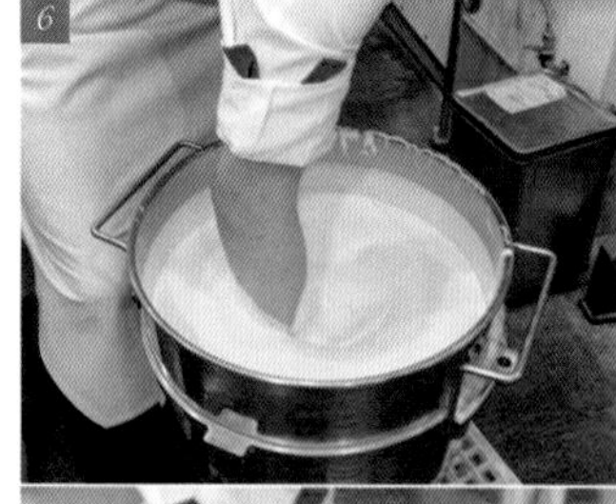

使用握著刮板的手輕輕攪拌步驟3的蛋糊，同時加入步驟4的麵粉，用前臂進行攪拌，不要拌入空氣，只需粗略地混合整體。

POINT 用手粗略攪拌可以使麵糊更細膩。

取步驟6的一部分麵糊，加入步驟5的液體，混合均勻。然後將混合物全部倒回步驟6的麵糊中，再次用手輕輕攪拌整體，直到出現光澤且緩慢垂落。

POINT 因為奶油的脂肪會破壞麵糊中的氣泡，所以最好是先將部分麵糊與奶油混合，再加入原麵糊，這樣可以更迅速地混合，並保持麵糊中的氣泡，讓麵糊更細膩。

組合

【組成部分】
Petit gâteau 18 個

草莓（夾心用）…約900g
海綿蛋糕
…36cm×18cm×1.2 cm厚 3片
糖漿…適量
鮮奶油香緹…630g
草莓（裝飾用）…18個
覆盆子（乾燥冷凍）…適量

【作法】

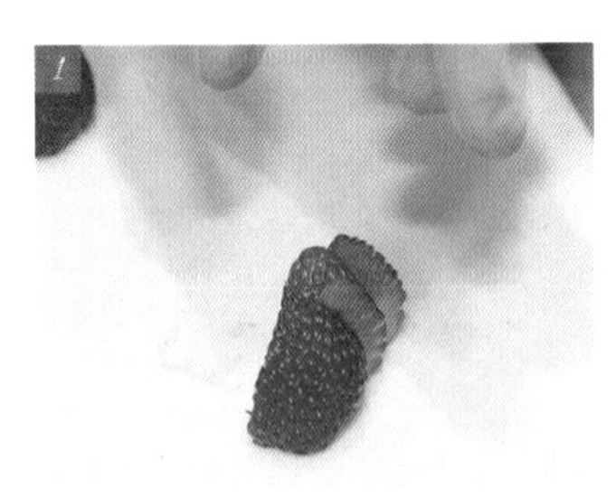

將草莓切去蒂，沿著縱向分成3等分薄片。

POINT 爲了更好地體驗草莓的美味，請讓草莓片厚度保持適中。

使用厚度約1.2cm的蛋糕體，以噴霧器在表面噴上糖漿。

POINT 使用噴霧器可以讓糖漿均勻地噴在蛋糕表面，且節省時間。

鮮奶油香緹

【材料】 所需量
※每個 Petit gâteau 約使用350g

47%鮮奶油（タカナシ乳業「特選北海道純鮮奶油」）…1000g
35%鮮奶油（タカナシ乳業「Crème Douce」）…1000g
細砂糖…200g

【配方的特色】

◎ 以霜淇淋爲靈感，使用了兩種不同脂肪含量的鮮奶油，均衡混合。47%的鮮奶油帶來奶香和濃郁的口感，35%的鮮奶油可保持蛋糕的輕盈感。

【作法】

所有材料放入攪拌碗混合，高速打發。混合至舀起時尖端呈現軟勾狀，略略呈現流動的狀態。

POINT 組裝後靜置一天讓材料充分融合，鮮奶油香緹會稍微凝固，因此在此階段可打發成較軟的狀態。

糖漿

【材料】 所需量

糖漿（Baumé糖度30）…1000g
水…500g

【作法】

1
將糖漿和水混合。

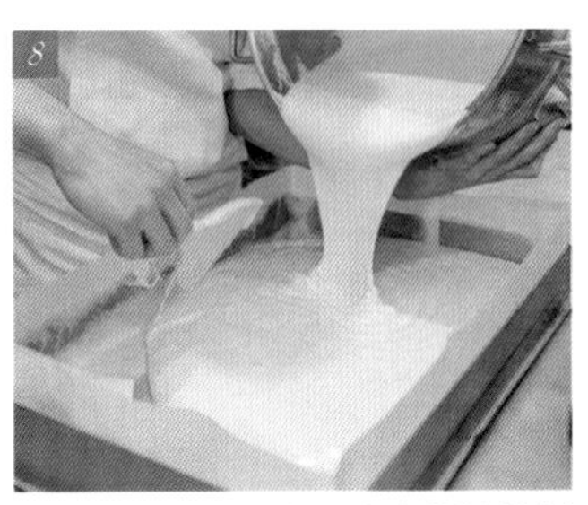

8
在烤盤上鋪烘焙紙，將內襯烘焙紙的框模放在烤盤上，把步驟7的麵糊倒入框模內。表面抹平，然後輕輕將烤盤敲擊在桌上，以排出空氣。

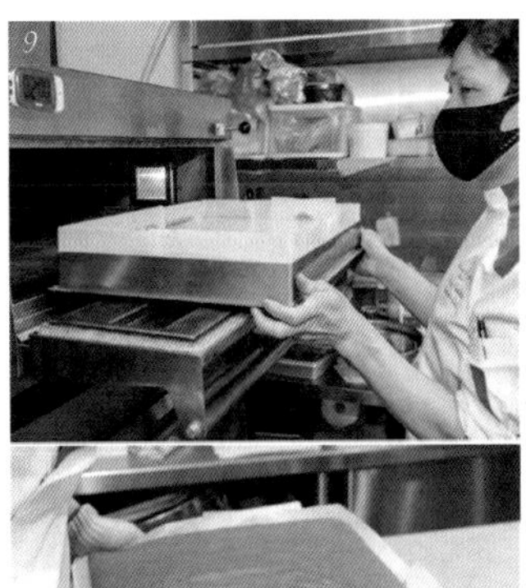

9
放入預熱至上火170℃、下火160℃的烤箱中，關閉排氣閥，烘焙約45分鐘，然後翻轉烤盤烤約15分鐘。

10
烘焙完成後，將蛋糕倒扣放在網架上，取下框模，稍微冷卻。

在步驟2的蛋糕體上塗一層薄薄的鮮奶油香緹，將切片的草莓均勻排列在上面。草莓的切面朝下。

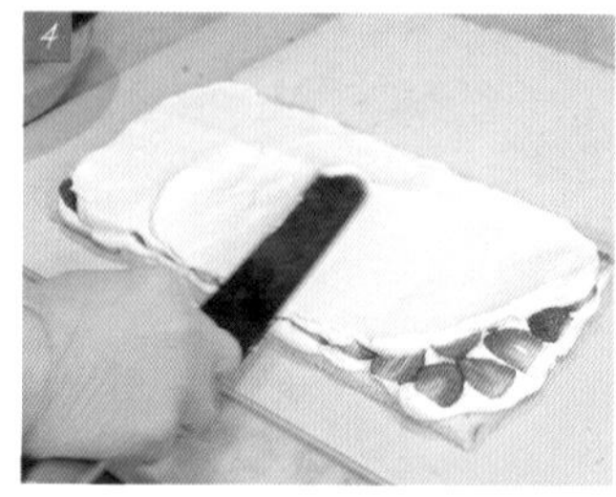

步驟第3的草莓上塗一層鮮奶油香緹，將整個表面完全覆蓋，以遮住草莓並填滿空隙。

POINT 將厚度約1.2cm的蛋糕體和約1.2cm的鮮奶油香緹逐層疊加，以獲得適中的風味和口感。

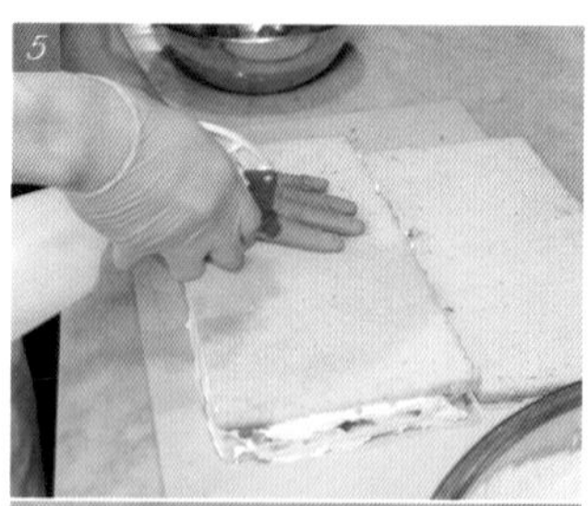

製作第2層。覆蓋上第2片蛋糕體，使用噴霧器噴上糖漿，並重複執行步驟3至4。

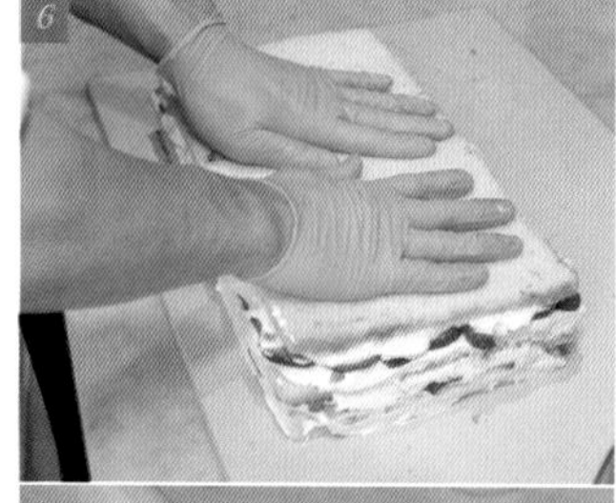

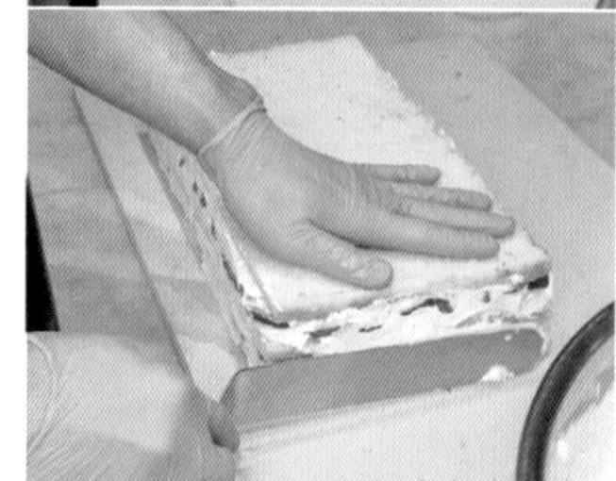

在步驟5上再次覆蓋第3片蛋糕體，輕輕按壓。用抹刀將側面溢出的鮮奶油香緹刮除，使側面變得平整。使用噴霧器在蛋糕上面噴糖漿。

用塑膠薄膜將表面覆蓋，然後冷藏過夜。

使用順滑的鮮奶油香緹進行最終塗抹，並在表面繪製斜向的波紋圖案。

將長邊的末端切去，使側面變得平整，然後以5.5cm的寬度切成長條狀。再切去短邊的末端，使側面變得平整，然後以5.5cm的寬度切成塊狀。

將鮮奶油香緹放入擠花袋中，在步驟9的表面擠出霜淇淋狀。撒上冷凍乾燥的覆盆子碎，裝飾上草莓。

Cake Shortcake

參考商品

將細砂糖和結蘭膠混合備用，加入步驟1中，用打蛋器混合，同時進行加熱以溶解成糊狀。

POINT 為了引發結蘭膠的凝膠反應，需要進行加熱。但是直接加入高溫會導致結塊，所以需要在較低的溫度下添加，然後逐漸升溫使其變得光滑。

將步驟2加入草莓泥中，同時小火加熱並煮沸。

將每150g的糖煮草莓倒入直徑12cm下方包覆塑膠薄膜的環形模中。

5

待冷卻後，放入冰箱中冷藏一晚，使其冷卻並凝固。

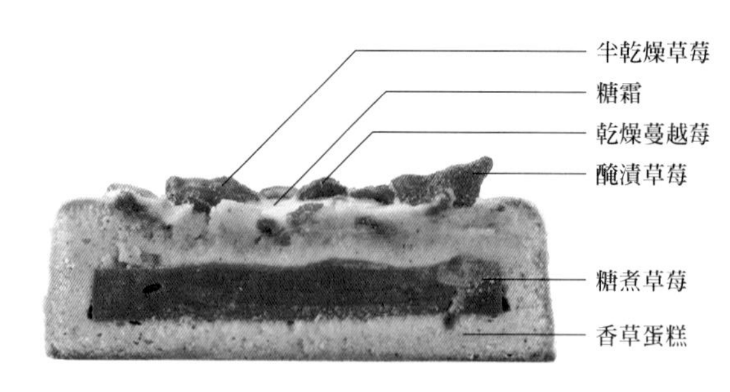

Cake Shortcake

以烘烤糕點來重新詮釋「Shortcake」。使用了白色的糖霜來裝飾，並在頂部加入醃漬水果以展現夾層蛋糕的外觀。以磅蛋糕（pound cake）的食譜作為基礎，添加了蛋白霜和牛奶調整了麵糊。在經過一夜的靜置後，如同店內的夾層蛋糕般，帶有濕潤的質感。此外，還將香草粉和香草籽加入麵糊中，以增添奶油的香氣。品嚐時，糖霜的甜、糖煮草莓（compote fraise）和醃漬（marinade）草莓的酸，以及麵糊中奶油的香氣產生了極佳的平衡，創造出令人聯想到夾層蛋糕的風味。

糖煮草莓 compote fraise

【材料】所需量
※1個約使用150g

草莓果泥（Senga Sengana strawberry purée無糖）…484g
水…30g
細砂糖…54g
結蘭膠（gellan gum）…15g
草莓（切2～3mm厚的片）…50g

【配方的特色】

◎ 考慮到要與香草麵糊一同放入模具中進行烘烤，所以選用了耐高溫的結蘭膠，而非明膠。

【作法】

將草莓果泥和水放入鍋中混合，使用矽膠刮刀在混合的過程中防止燒焦，加熱至40℃。

POINT 森加森加拉（Senga Sengana）品種的草莓果肉有著較緊實的質地，流動性低在口中不易融化，因此加入水來稀釋以提高流動性。

香草蛋糕

【材料】
15cm圓形3個

發酵奶油…325g
糖粉…250g
牛奶…50g
香草籽…0.5g
香草精（Extra Vanilla）…25g
蛋黃…120g
全蛋…70g
杏仁粉…335g
低筋麵粉…310g
香草粉…5g
蛋白粉…10g
細砂糖…75g
蛋白…180g
柑曼怡香橙干邑…適量

糖煮草莓（前述）…3個
醃漬草莓（前述）…適量
糖霜（前述）…適量

半乾草莓、蔓越莓乾

【配方的特色】

◎ 為了讓麵糊呈現出"草莓夾層蛋糕"的形象，添加了香草的香氣。將香草豆莢乾燥後研磨成粉，並加入香草籽。
◎ 與一般的磅蛋糕不同，加入蛋白霜（meringue）和牛奶，使麵糊更加濕潤。

【作法】

1 先將發酵奶油加熱至30℃。奶油和糖粉放入攪拌缸，攪拌直至顏色變淺。一開始低速，在顏色變淺時增加速度，打入空氣使其變得柔軟。

糖霜

【材料】所需量

糖粉…375g
水…75g

【作法】

1 將材料放入碗中混合均勻。

醃漬草莓

【材料】

半乾燥草莓…適量
柑曼怡香橙干邑（Grand Marnier）…適量

【作法】

1 將半乾燥草莓放入碗中，倒入大約一半的柑曼怡香橙干邑，使其浸泡。

2 蓋上保鮮膜，將碗浸入熱水中，進行隔水加熱，待水沸騰後立即關火。

POINT 保鮮膜可以促進熱傳導，同時也能保留香氣。

3 待冷卻後，將碗放入冰箱靜置一晚。

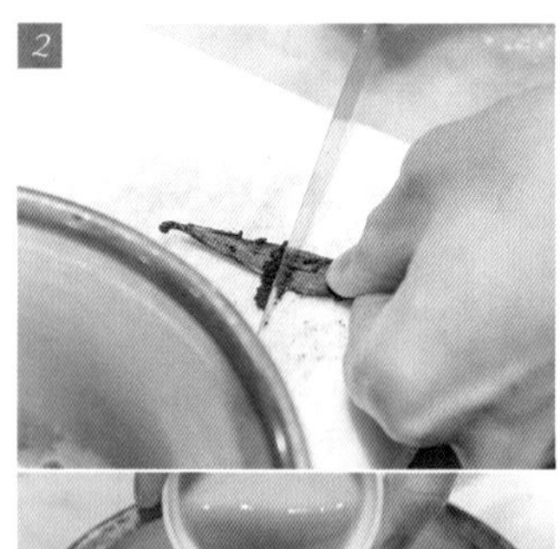

從香草豆莢中取出香草籽。將香草籽和香草精放入牛奶中混合備用。

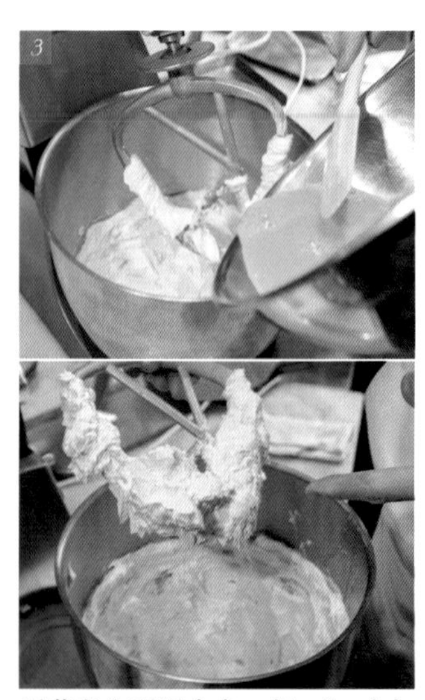

蛋黃和全蛋混合在一起，分3次加入步驟1中，使用攪拌機攪拌均勻，要打發得堅挺而蓬鬆。

POINT 蛋液中含有水和油，容易結塊，因此需分次加入。

在3中加入杏仁粉，使用攪拌機輕輕攪拌。

將步驟2分二次加入到4中，混合均勻。

在低筋麵粉中加入香草粉，過篩備用。

細砂糖和蛋白粉混合。

POINT 日本的雞蛋蛋白質較低，因此添加乾燥蛋白粉以增加蛋白質含量。可以增加體積，使蛋白霜更有力。

將步驟7的1/3加入蛋白中。一開始使用高速攪拌器攪拌，當體積增大時，加入剩餘的部分，繼續使用高速攪拌器攪拌，打至硬性的蛋白霜。

步驟8的蛋白霜1/3加入5的麵糊中，輕輕攪拌混合。再加入6，將粉料充分混合，再加入剩餘的蛋白霜，輕輕且充分地混合。

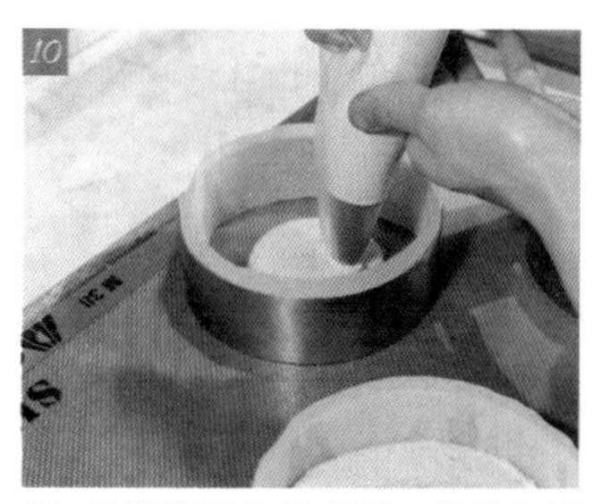

把9的麵糊裝入放有圓口花嘴的擠花袋的中，將烘焙紙鋪入直徑15cm的圈模內，然後將麵糊擠入模中，每個模約250g。

從冷藏取出冷凍的糖煮草莓，稍微壓入10，將麵糊再次擠入覆蓋，整平。

對流式烤箱預熱至170℃，關上通風閥，以160℃烘烤30分鐘。在烘烤過程中，取出一次，將多餘的蒸氣排出，加上半乾草莓，再繼續烘烤10分鐘。脫模，用刷子輕輕地刷上柑曼怡香橙干邑，用保鮮膜包裹，待其冷卻。

POINT 如果一開始就放上半乾草莓，會過度烤焦，變黑或變硬。因此，在烘烤過程中加入較爲適合。

放在冰箱中冷藏一晚後，取出，用烤箱加熱，以刷子在表面塗上糖霜，然後用刮刀整理表面。

POINT 要充分使用糖霜。將蛋糕放入烤箱中加熱是爲了讓糖霜均勻地流動。如果是冷的蛋糕，糖霜會凝固，無法均勻流動。

在表面擺放半乾草莓和蔓越莓乾。

Macaron Shortcake

參考商品

馬卡龍（原味）

【材料】
馬卡龍餅殼100個

杏仁粉…600g
糖粉…400g
蛋白 A…180g

細砂糖 A…490g
水…140g
蛋白霜
- 蛋白 B…180g
- 細砂糖 B…50g
- 蛋白粉…3g

馬卡龍（紅）

【材料】
馬卡龍餅殼100個

杏仁粉…600g
糖粉…400g
蛋白 A…180g
紅色食用色素…適量

細砂糖 A…490g
水…140g
蛋白霜
- 蛋白 B…180g
- 細砂糖 B…50g
- 蛋白粉…3g

【作法】
※以下圖片爲「馬卡龍（紅）」的步驟。馬卡龍（原味）」的步驟也相同，只是步驟2不加入色素。

1
將杏仁粉和糖粉混合，過篩備用。

Macaron Shortcake

遠藤主廚的代表作之一，是以馬卡龍版本進行變化的"草莓夾層蛋糕"。草莓的元素是透過使用洋菜（agar agar）凝固的草莓果泥，外觀則是用添加了紅色色素的草莓馬卡龍來呈現。然而，僅僅這樣可能只是一個普通的"草莓馬卡龍"，所以進行了一些微妙的調整以凸出奶油霜的特點。我們將 crème au beurre（法式奶油霜）與義大利蛋白霜（Italian meringue）結合，以獲得豐富的滋味和輕盈的口感，同時透過香草籽將香味帶入，以詮釋奶油霜的風味。草莓和香草奶油霜的香味交織，一口咬下就能聯想到"草莓夾層蛋糕"的美味。

遠藤主廚的馬卡龍經過調整麵糊配方和烘焙程度而成，以追求入口即溶的口感而開發的產品，深受大家喜愛。店內最多提供20種不同口味的馬卡龍。

在蛋白A中加入色素，然後加入1，用矽膠刮刀輕輕混合，直至成爲鬆散狀。

製作義大利蛋白霜。在鍋中放入細砂糖A和水，用中小火加熱至120℃。在攪拌碗中放入蛋白霜材料（蛋白B、部分的細砂糖B和蛋白粉），以中高速攪拌。當出現泡沫時，加入剩餘的細砂糖B和蛋白粉，繼續攪拌，製作成蛋白霜。將煮沸的糖漿倒入蛋白霜中，同時持續攪拌，最後將速度調低。打發至拉起時尖端堅挺狀。

POINT 長時間高速攪拌會使蛋白霜的結構變粗。最後調低速度，使蛋白霜中保留適量的氣泡。

將3的一半加入2，混合均勻。然後加入剩餘的3，用刮板輕輕翻拌，直到出現光澤。麵糊應略帶流動，能夠垂落。

POINT 先加入一半的蛋白霜，可以減少的厚重感，避免結塊。

糖煮草莓

【材料】

馬卡龍100個

細砂糖…36g
洋菜粉（agar agar）…7g
草莓果泥（Senga Sengana strawberry purée 無糖）…323g

【作法】

1

混合細砂糖和洋菜粉。

2

把草莓果泥加熱至40℃。加入1煮沸，然後倒入下方包覆塑膠薄膜12×33cm的長方型容器中。放入冰箱冷藏直到凝固。

3

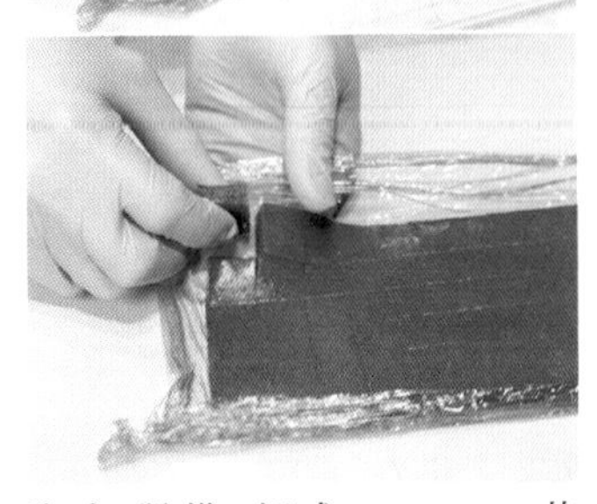

取出2脫模，切成1.5cm×1.5cm的小方塊。每個馬卡龍需要1小塊（10g）。

5

將4的麵糊放入擠花袋，用圓花嘴在鋪有烘焙紙的烤盤上擠出。用手輕輕敲打烤盤底部幾次，排出麵糊中的大氣泡，使表面平整。

6

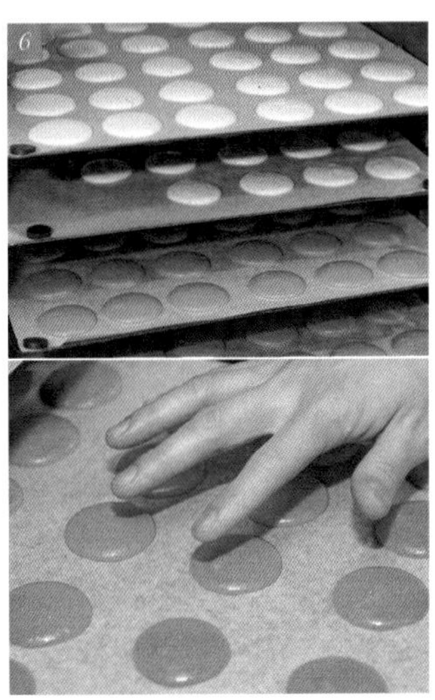

讓麵糊靜置一會兒，等待表面結皮，用手觸摸確認。

7

放入170℃預熱完成的對流烤箱，以160℃烘烤6分鐘。打開烤箱門，讓外界空氣進入，釋放蒸氣。將馬卡龍左右對調，以140℃烤6分鐘。取出立即放入烤架，避免餅殼因餘熱而過度加熱。

POINT 由於使用含有較多水分的蛋白，中間部分需要完全烤熟，因此在烘烤過程中需要開爐門釋放蒸氣。

香草奶油霜

【材料】所需量

牛奶…180g
香草莢…0.5根
細砂糖 A…146g
蛋黃…168g
奶油…750g
細砂糖 B…180g
水…58g
蛋白…100g
細砂糖 C…20g

【配方的特色】

◎ 為了表現草莓夾層蛋糕的鮮奶油風味，使用了香草籽。

【作法】

在鍋中加入牛奶和香草莢中刮出的香草籽。

將1加熱，加入砂糖A的一半，用打蛋器混合均勻。

將蛋黃和砂糖A剩餘的一半混合在一起。

將2大約1/2加入3，混合均勻。然後將混合物倒回2的鍋中，用打蛋器攪拌，以小火加熱至80℃。

POINT 使用矽膠刮刀輕輕攪拌，以免燒焦。同時要注意，將蛋液加熱過快可能會使蛋凝固，所以要慢慢升溫。

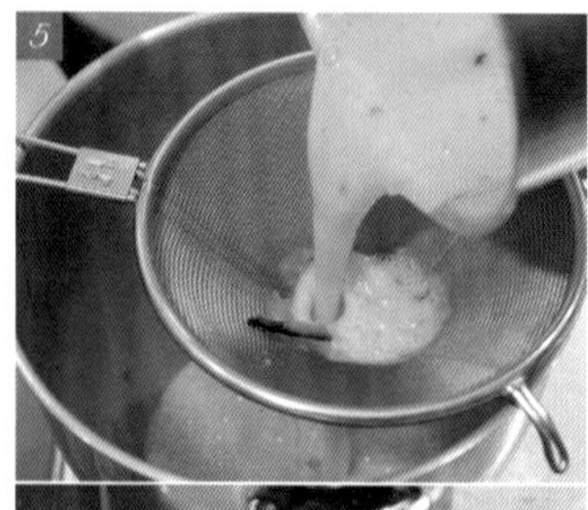

將4過濾，倒入攪拌碗中，在低速攪拌機下攪拌，直到溫度達到50℃。

將室溫下回軟的奶油加入5中，使用低速攪拌機攪拌，直至顏色變淺。

7

製作義大利蛋白霜。在鍋中加入砂糖B和水，加熱至120℃。在攪拌機鋼盆中放入蛋白和砂糖C，打發成蛋白霜，持續攪拌並將熱糖漿倒入，打到蛋白霜變硬挺。

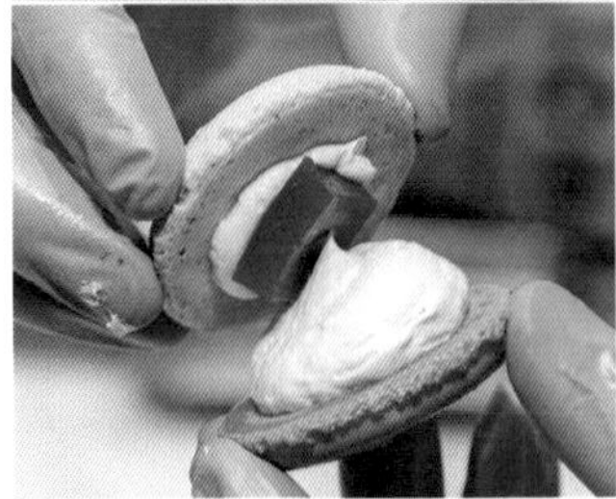

在紅色的馬卡龍擠上大量的香草奶油霜，與步驟1的馬卡龍夾起。

3

放置一晚。

POINT 塞滿內餡的馬卡龍在一晚的時間中，內餡會形成更好地融合，變得柔軟，整體口感更加協調。

組合

【組成部分】
1個

- 馬卡龍餅殼（紅）…1片
- 香草奶油霜…適量
- 糖煮草莓…1.5cm方塊1個（10g）
- 馬卡龍餅殼（白）…1片

【作法】

在原味的馬卡龍上擠少量的香草奶油霜，放上糖煮草莓。

將6和7使用矽膠刮刀輕輕混合均勻。

Seiichiro, NISHIZONO

セイイチロウ ニシゾノ

（大阪・肥後橋）

Owner chef
西園 誠一郎

生於1981年。經過在法國的培訓後，曾在「Hilton Osaka Hotel」和神戶的「御影高杉」等地工作，並擔任糕點學校講師，以及參與服裝品牌的合作甜點發布活動。在2014年，開設「西園誠一郎」，目前還兼任烤箱製造商的顧問以及專門學校的講師，同時也爲在泰國的擴展做準備。

依據時令，短時間供應

「Seiichiro,NISHIZONO」的主廚西園誠一郎先生在獨立之前就參與了產品開發工作，目前也擔任烤箱製造商的顧問以及專門學校的講師等多種角色。他廣泛活躍於國內外，經常海外出差，每月在店鋪工作的時間約佔三成。店鋪被定位爲「開發室」，並定期展示試作品，約有13種不斷變化的商品。

儘管店內的商品主要以慕斯、奶油霜等爲主，夾層蛋糕僅依據季節水果採限時推出。西園誠一郎主廚表示：「最大的魅力就是盡可能的不對季節水果進行過多的加工」。他會根據水果的產季推出期間限定的商品，直接與農家溝通，採購令人滿意的原材料。春季會使用新鮮的草莓爲特色的夾層蛋糕、6月是哈密瓜，之後還會根據季節變化依次推出水蜜桃、芒果、麝香葡萄…等。不僅限於夾層蛋糕，西園誠一郎主廚會根據不同時節的水果，創作出各種蛋糕，並在一周內進行短期展售，這也是該店的特色之一。

3月末左右會使用新鮮的とちおとめ草莓，而在4月則會轉爲使用古都華草莓，而5月的兒童節也會展示草莓夾層蛋糕。至於6月，會採購香味濃郁的「ユウカ」蜜瓜，同樣也會在一段時間內提供這款夾層蛋糕。

這次書中，不僅有結合草莓、蜜瓜的夾層蛋糕，還有結合栗子和玫瑰的款式。無論是哪一款，都充分發揮了店鋪主題—"香氣"。西園誠一郎主廚巧妙地運用了草莓白蘭地、椰子利口酒、玫瑰利口酒和玫瑰油等材料，讓每一款蛋糕都充滿了獨特的香味。

以「香氣」爲主題目標，創作出令人"難以忘懷"的糕點。這次使用的酒類和油脂，香料和草本植物等香氣的表現材料，都會用於各種蛋糕中，以創造出令人難忘的香氣體驗。

10～12種小蛋糕擺放在櫥窗中，蛋糕的更替週期短，特色是短時間內往往不會出現重複的糕點。例如，草莓夾層蛋糕在草莓旺季會有4天的限期供應，對常客而言數量也非常稀少。

像是蛋成分高的卡士達一般濃郁的海綿蛋糕是其特色

廚房裡引入了對流烤箱。這種烤箱不僅省空間，烘烤時間也較短，操作性良好，而且由於熱風的對流，烘焙不均勻的問題也較少。

蛋糕體通常是在烤盤上烘烤成長方形或圓形，然後切成四方形或使用圓形模具。爲了製作「草莓卷心蛋糕」，方形更爲適合，因爲圓形可能會感覺到過多的內餡。雖然基本寬度是6cm，但如果草莓價格較高，也有可能改爲5cm以達到平衡成本。由於是期間限定供應，因此有更多調整的靈活性。

每天大約可接受3個訂製的特製糕點，例如「Melon shortcake」或「Shortcake dramatic」，底部切下的蛋糕體可以用來製作酥頂（crumbed）或塔等糕點，以減少浪費。

海綿蛋糕麵糊（Génoise）使用大量蛋黃製作，如同蜂蜜蛋糕一般，重視風味及口感。這種蛋糕有彈性，小朋友也很喜歡。其中的「Shortcake dramatic」是唯一的經典款蛋糕，最初是由玫瑰和栗子的慕斯蛋糕改款而來，重新構建成夾層蛋糕。這個蛋糕的底部採用了帶有栗子的烘焙材料，散發著獨特的風味。

以"令人難忘的香氣"爲主題 短期內推出限定蛋糕

店鋪於2014年秋季開業，位於辦公區附近。客人主要包括下班後的上班族，同時由於鄰近公園和小學，家庭客戶也很多。店內還有4個座位的吧台。

蛋糕通常根據客戶的訂單製作。也會依據適當的水果進貨時間製作各種小蛋糕。

Strawberry Shortcake

時價約600～680日元（含稅）
販售期間　草莓產季時限定供應。

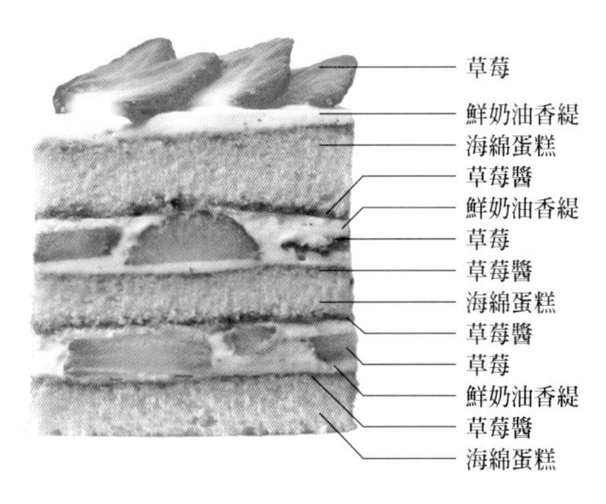

Strawberry Shortcake

使用產季的草莓，以短期限定方式進行銷售。1～3月使用栃木縣的「とちおとめ」草莓，4月～黃金週使用奈良縣寺田農園的「古都華」草莓。而海綿蛋糕採用大量蛋黃配方，口感細膩且容易融化，是其特點。透過塗抹草莓白蘭地香味濃郁的草莓醬，不僅不會過度滲透蛋糕，還能體驗到獨特的口感。這種創意和構思的靈感，來自於曾在已閉店的『御影高杉』學徒時的經驗。薄切的草莓優美地擺放在頂部，而草莓醬層次分明的切面，使這款備受小朋友歡迎的蛋糕更加引人注目。

海綿蛋糕

【材料】

53cm×38cm烤盤1個

加糖冷凍蛋黃（20%）…400g
全蛋…144g
洗双糖…170g
海藻糖（Trehalose）…40g
低筋麵粉（小田象製粉「Particule」）…114g
玉米澱粉…52g
泡打粉…4g
無鹽奶油…120g

【配方的特色】

◎ 賦予海綿蛋糕類似蜂蜜蛋糕的濃郁蛋黃風味，加入了大量的蛋黃。為了製作氣泡較少且結構較堅固的蛋糕體，使用泡打粉，也確保無論哪位員工製作，都能夠做出一致的產品。

【作法】

在攪拌盆中放加糖冷凍蛋黃和全蛋，用攪拌器輕輕攪拌，然後加入洗双糖和海藻糖。

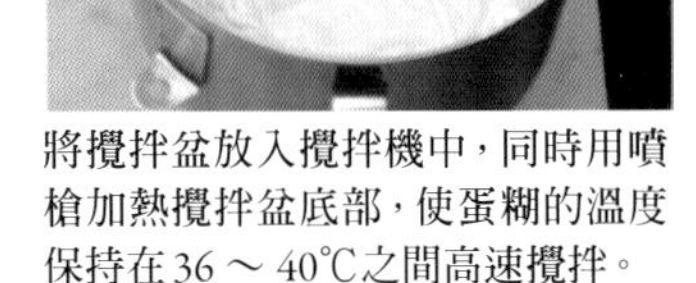

將攪拌盆放入攪拌機中，同時用噴槍加熱攪拌盆底部，使蛋糊的溫度保持在36～40℃之間高速攪拌。

POINT 為了防止廚房濕度增加，我們使用噴槍加熱而不是隔水加熱。由於蛋黃含量高，不易打發，所以需要充分打發，使其呈現鬆軟的泡沫狀。

將低筋麵粉、玉米澱粉和泡打粉混合過篩，分二次加入步驟2中，攪拌至出現光澤。

POINT 由於蛋糊的氣泡濃密，可以充分攪拌混合。

銅鍋整個放在裝有冰水的碗中冷卻。可以在冷藏庫中保存約7天。

鮮奶油香緹

【材料】方便製作的分量

40%鮮奶油（タカナシ乳業「Super Fresh」）…800g
洗双糖…48g
香草籽醬（Jupe vanilla 335）…2g

【作法】

鋼盆中加入鮮奶油和洗双糖，然後放入攪拌機中，稍微打至堅挺泡沫狀後，加入香草籽醬，再次混合均勻。

草莓醬

【材料】方便製作的分量

草莓泥（SICOLY）…500g
100%檸檬汁…15g
洗双糖…280g
果膠（Pectin「LM-SN-325」）…14g
草莓白蘭地（eau-de-vie de fraise）…45g

【作法】

在銅鍋中加入草莓果泥、檸檬汁。將洗双糖和果膠先在碗中混合，然後加入鍋中，用攪拌器攪拌均勻。

將銅鍋放在火上，煮沸後離火，加入草莓白蘭地。

在另一個碗中將奶油加熱至60℃以上，然後將步驟3的部分麵糊加入，用矽膠刮刀乳化混合。

將步驟4的混合物倒回步驟3的碗中，攪拌至出現光澤。

將麵糊倒入鋪有烘焙紙的烤盤上，表面整平。

放入預熱至190℃的旋風烤箱中，烘焙約15分鐘。

烘焙完成後，將烤盤放在網架上，排除水蒸氣，然後取下烘焙紙，將蛋糕放入冷藏庫中冷卻至2℃。

組合

【組成部分】

Petit gâteau 4個

海綿蛋糕…15cm×15cm 3片
草莓醬…約60g
鮮奶油香緹…約300g
草莓(古都華)…約12個
非加熱鏡面果膠(sublimo)…適量

【作法】

1

把草莓去蒂，切成5～7mm厚的片狀，備用。

POINT 主要使用奈良「古都華」品種，離大阪近，送達的狀態更新鮮。也會使用「とちおとめ」品種，果肉更緊實。

2

去邊的海綿蛋糕切成15×15cm，將表面修剪平整，厚度爲1.5cm。

3

在底部的海綿蛋糕表面均勻塗上草莓醬，使用抹刀推開。

4

將打發至堅挺的鮮奶油香緹均勻塗抹在表面。

POINT 輕薄地塗抹，以防止崩塌。

5

將步驟1的草莓緊密地排列。

POINT 確保無論從哪個位置分切，草莓都能看到，填滿所有空隙。

6

使用鮮奶油香緹填補草莓之間的空隙。

7

在第2片海綿蛋糕上塗抹草莓醬，然後將塗抹的面朝下疊在步驟6，並在上面塗抹草莓醬。重複步驟4～6。

8

第3片海綿蛋糕也進行與步驟7相同的處理。在整個表面塗抹鮮奶油香緹。

9

使用加熱過的刀，分切成4等份，切成6cm×6cm的大小。在表面排列草莓，並在草莓表面塗抹鏡面果膠增加光澤度。

Melon Shortcake

15cm 蛋糕 5600 日元（含稅）
※接受客訂後製作

蜜瓜

【材料】

蜜瓜(ユウカ品種)…適量
蜜瓜(夕張蜜瓜)…適量

【作法】

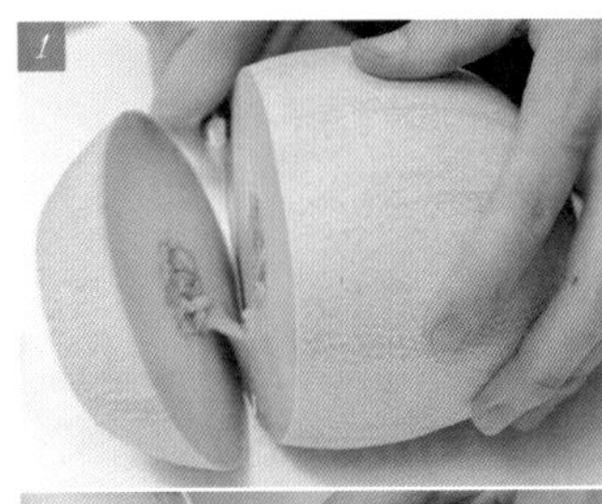

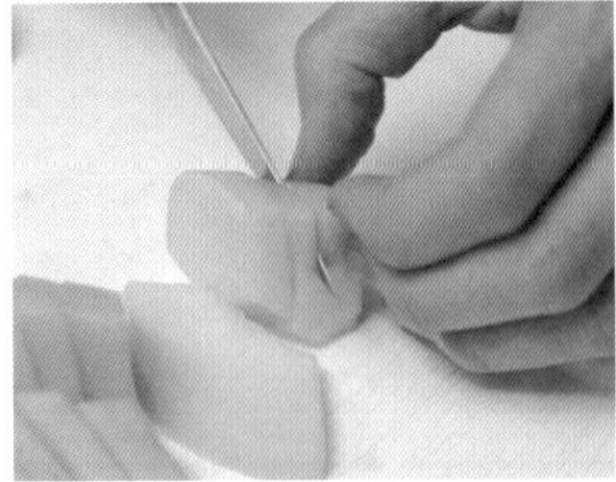

夾心的蜜瓜橫切成1cm寬的薄片，去籽和皮，再切成約1cm寬的片狀。

POINT 夾心用蜜瓜選擇質地較堅實且香味濃郁的「ユウカ」品種，避免蛋糕因爲蜜瓜過軟而容易崩解。

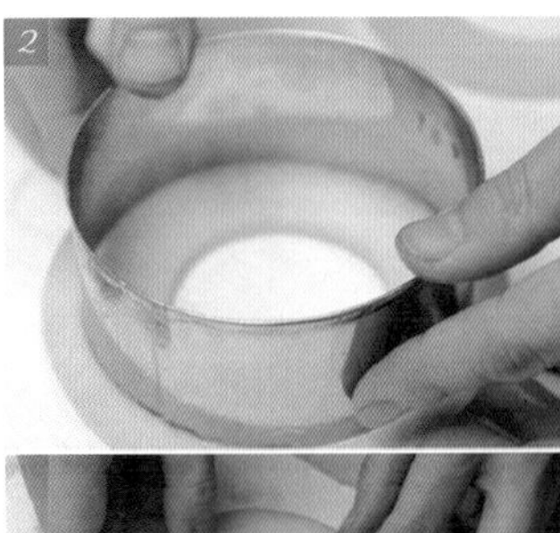

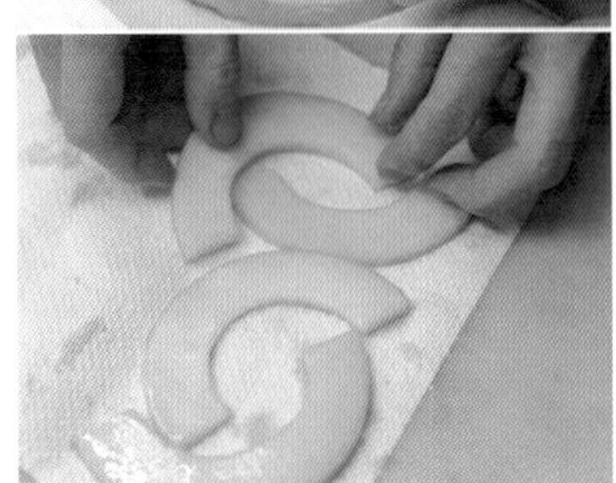

用於裝飾的蜜瓜，分別切成薄片，然後用壓模去掉中芯的籽。圓形壓模去掉皮形成圓環狀，切半並用廚房紙巾吸去多餘的水分。

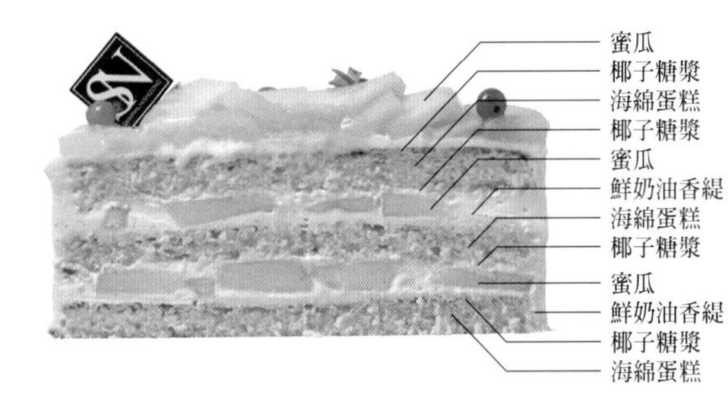

Melon Shortcake

在夏季的蜜瓜季節，根據獨特的糕點定製訂單而創作的一款產品。爲了作爲夾層，使用了香氣濃郁茨城縣「ユウカ」品種蜜瓜，裝飾則配合了橙色果肉的「夕張蜜瓜」，以營造色彩的對比。重點在於爲呈現更好的夏季蜜瓜風味，特地添加了椰子。將椰子粉和椰子油加入海綿蛋糕麵糊中，組合時則灑上帶有椰子酒的糖漿。當蜜瓜盛產時，也會作成小蛋糕供應，在甜點櫃期間限定銷售。

海綿蛋糕

【材料】

53cm×38cm烤盤1片

加糖冷凍蛋黃(20%)…400g
全蛋…144g
洗双糖…170g
海藻糖(Trehalose)…40g
低筋麵粉(小田象製粉「Particule」)…134g
椰子細粉…94g
泡打粉…4g
椰子油…120g

【配方的特色】

◎ 添加海藻糖的目的是提高糖度，同時控制甜味，以及冷凍時保持水分。
◎ 爲了追求夏天的風味，使用椰子油代替奶油。由於椰子油在低溫下會變硬，因此需要加熱處理。

【作法】

參考P219「Strawberry Shortcake」，進行步驟3時「將低筋麵粉、椰子粉、泡打粉混合過篩」。而在步驟4，則不使用奶油，改用椰子油。

椰子油在低於25℃的情況下會凝固，因此需要用微波爐加熱使其成爲液體狀態。

將第2片海綿蛋糕塗抹椰子糖漿，塗抹面朝下，疊在步驟4上。重複進行步驟2～4。

將第3片海綿蛋糕疊在上方，表面塗上椰子糖漿。

POINT 最頂部的海綿蛋糕上多塗一些椰子糖漿，以確保分切時形狀不易崩解。

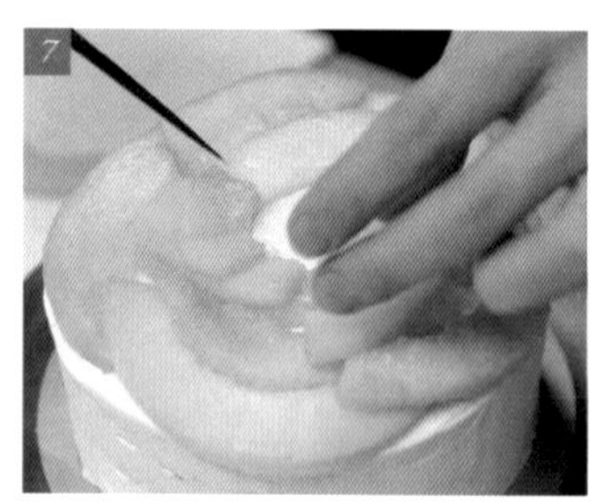

整個蛋糕包覆鮮奶油香緹，均勻使用2種蜜瓜裝飾。在蜜瓜片上塗鏡面果膠，營造出亮澤。最後再加上冷凍醋栗和食用花朵裝飾。

POINT 使用2種不同的蜜瓜，例如「ユウカ」和橙色的「夕張蜜瓜」，可以營造出視覺上的鮮豔感。添加微酸的醋栗和食用花朵，帶來味道與外觀上的平衡。

2

在底部的海綿蛋糕上，用刷子塗上椰子糖漿。

用打發至堅挺的鮮奶油香緹，以抹刀在表面均勻塗抹，然後鋪上切好的「ユウカ」品種蜜瓜片。

POINT 薄片狀的蜜瓜在使用前用廚房紙巾吸去多餘的水分。

塗抹鮮奶油香緹填滿蜜瓜之間的空隙。

椰子糖漿

【材料】方便製作的分量

水…100g
洗双糖…60g
椰子利口酒（Malibu）…240g

【作法】

1

將水和洗双糖加入鍋中，煮沸後離火加入椰子利口酒。

鮮奶油香緹

材料、作法參照 P220「Strawberry Shortcake」

組合

【組成部分】
15cm圓形1個

海綿蛋糕（加入椰子細粉的）
…直徑15cm 3片
椰子糖漿…45ml
鮮奶油香緹…320g
蜜瓜（ユウカ、夕張蜜瓜）…約500g
鏡面果膠（Sublimo）…適量
醋栗（冷凍）…適量
食用花朵…適量

【作法】

將直徑15cm的圈模放在海綿蛋糕上，用刀切出圓片。準備3片，然後切去每片表面烤上色的部分。

Shortcake Dramatic

12cm蛋糕4400日元（含稅）

※接受客訂後製作

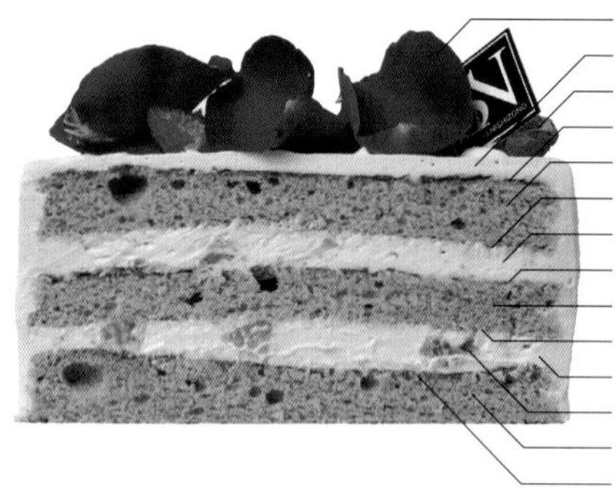

Shortcake Dramatic

以玫瑰、栗子和覆盆子結合的特色糕點「Shortcake Dramatic」，是應顧客訂單而重新構成爲夾層蛋糕的一款糕點。使用了西園主廚擔任大使 Imbert 公司的栗子膏，爲夾層蛋糕帶來豐富的風味。然後，再加入連同種籽的覆盆子醬、具有濃郁甜味的糖漬栗子、玫瑰鮮奶油香緹，堆疊出個性十足的夾層蛋糕。食用玫瑰「さ姫」的花瓣作爲裝飾，不僅高雅，而且品嚐時會一同感受到華麗的花香。

栗子海綿蛋糕 Pain de Gênes

【材料】

53cm×38cm 烤盤 1 個

栗子膏（Imbert Chestnut Paste）…330g
洗双糖…77g
全蛋…360g
準高筋麵粉（Nippon「Merveille」）…110g
泡打粉…4g
無鹽奶油…132g

【配方的特色】

◎ 這款海綿蛋糕本身就像烘焙點心般美味。爲了確保任何人都能製作成功，使用了不易失敗的泡打粉。你也可以選擇不加。

【作法】

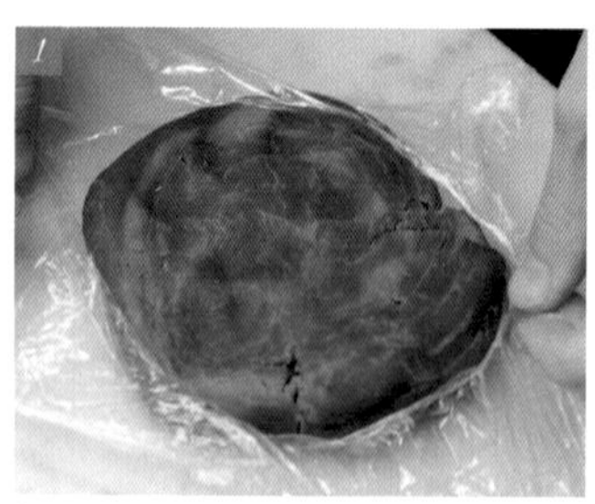

把栗子膏在微波爐中加熱至約40℃。

在攪拌碗中放入洗双糖，逐漸加入用手撕成小塊的栗子膏。將攪拌機設置好，使用打蛋器攪拌至均勻。

POINT 爲了防止栗子膏中的糖結塊，請將栗子膏撕成小塊。

在碗中放入全蛋，以小火加熱並使用攪拌器攪拌，溫熱至40℃。

將步驟3慢慢倒入步驟2，高速攪拌。首先加入3的1/2。

POINT 請注意不要一次倒入，以免產生結塊。由於底部會變得黏稠，所以中途使用矽膠刮刀從底部翻起攪拌。

加入剩餘的步驟3，繼續混合至成爲強而有力的濃稠糊狀。

將鍋下墊冰水冷卻。將覆盆子醬倒入容器，冷藏儲存。

玫瑰鮮奶油香緹

【材料】方便製作的分量

40%鮮奶油（タカナシ乳業「Super Fresh」）…600g
洗双糖…36g
濃縮玫瑰露（Jupe Rose）…60g
玫瑰油…2g

【作法】

將鮮奶油和洗双糖倒入碗中，加入濃縮玫瑰露和玫瑰油，然後打發成8分發。

POINT 濃縮玫瑰露和玫瑰油不會影響打發的效果，因此可以一開始就加入一起打發。

覆盆子醬

【材料】方便製作的分量

冷凍覆盆子碎（SICOLY）…1000g
麥芽糖基海藻糖糖漿（HALLODEX）…92g
洗双糖…184g
果膠（Pectin アイコク「LM-SN-325」）…30g
玫瑰利口酒…38g

【作法】

在銅鍋中放入冷凍的覆盆子碎，加入麥芽糖基海藻糖糖漿。將洗双糖和果膠放入碗中，混合均勻，然後加入鍋中，用攪拌器攪拌均勻。

將步驟1加熱，煮至沸騰後關火，加入玫瑰利口酒。

將過篩的麵粉和泡打粉一起加入，使用矽膠刮刀混合均勻。

POINT 因為麵粉的量相對較少，因此一次加入也沒問題。

在另一個碗中，將奶油加熱至60℃以上，然後加入部分麵糊，使用攪拌器混合使其乳化。

將步驟7倒回到攪拌缸中，充分混合整體麵糊。

將混合好的麵糊倒在鋪有烘焙紙的烤盤上，平整表面。在190℃的旋風烤箱中烘烤12～14分鐘。

組合

【組成部分】

12cm圓形1個

栗子海綿蛋糕…3片（12cm圓形）
覆盆子醬…35ml
玫瑰鮮奶油香緹…250g
糖漬栗子（夾層用）※…40g
食用花（さ姫玫瑰）…適量
覆盆子…適量
鏡面果膠（Sublimo）…適量

※夾層用糖漬栗子
使用「Imbert公司的糖漬栗子產品」，栗子在糖漬液中浸泡了很長時間，而且是小塊狀。

【作法】

將直徑15cm的圈模放在栗子海綿蛋糕上，用刀切出圓片，準備3片。

POINT 由於蛋糕體較薄，不需要像P224「Melon Shortcake」一樣將表面上色的部分切掉。

將底部的蛋糕體塗上覆盆子醬，然後在上面塗抹濃稠的玫瑰鮮奶油香緹。

用鑷子夾住用於夾層的糖漬栗子，逐一放在玫瑰鮮奶油香緹上。

POINT 用於夾層的糖漬栗子味道較甜，所以要以分散的方式擺放。

用濃稠的玫瑰鮮奶油香緹填滿糖漬栗子之間的空隙。

疊上第2片栗子海綿蛋糕，塗上覆盆子醬，然後重複進行2～4的步驟。

疊放第3片栗子海綿蛋糕，塗上覆盆子醬，然後在整個蛋糕表面塗上玫瑰鮮奶油香緹。使用抹刀在蛋糕側面抹出花紋。

在頂部裝飾食用花瓣和覆盆子，在花瓣上擠出小水滴狀的鏡面果膠。

Pâtisserie Camelia ginza
カメリア ギンザ

P198

地址／東京都中央区銀座7-5-12 ニューギンザビル8号館1F
電話／03-6263-8868
營業時間／平日12:00～22:00
　　　　　週六12:00～20:00
定休日／週日
https://patisserie-camelia.com/

SHOP DATA

收錄了P016～P228協助我們
進行採訪的店家資訊。

※這些資訊是2021年9月的情報。
※若有多家分店，
則列出進行拍攝的特定分店資訊。

Pâtisserie Chocolaterie Chant d'oiseau
シャンドワゾー

P090

地址／埼玉県川口市幸町1-1-26
電話／048-255-2997
營業時間／10:00～20:00(或至售完)
定休日／不定休
https://www.chant-doiseau.com/

Pâtisserie Etienne
エチエンヌ

P036

地址／神奈川県川崎市麻生区万福寺6-7-13
　　　マスターアリーナ新百合ヶ丘1F
電話／044-455-4642
營業時間／10:00～18:00
定休日／週一、週二不定休
https://www.etienne.jp/

La Pâtisserie Joël
ジョエル

P186

地址／大阪府大阪市中央区北浜4-3-1 淀屋橋odona1F
電話／06-6152-8780
營業時間／平日11:00～20:00(內用13:00～18:00L.O.)
週六‧假日11:00～19:00(內用11:00～17:00L.O.)
定休日／週日
http://www.joel.co.jp/

Caffarel
カファレル神戸北野本店

P164

地址／兵庫県神戸市中央区山本通3-7-29 神戸トアロードビル1F
電話／078-262-7850
營業時間／11:00～19:00
定休日／週二
https://www.caffarel.co.jp/shop/kobe-kitano.html

L'ATELIER HIRO WAKISAKA
ヒロワキサカ

P176

地址／神奈川県川崎市中原区小杉町2-276-1
パークシティ武蔵小杉ザガーデンタワーズイースト1階
電話／044-281-3865
營業時間／11:00～19:00
定休日／週一
https://www.lhw.jp/

Seiichiro, NISHIZONO
セイイチロウ ニシゾノ

P216

地址／大阪府大阪市西区京町堀1-12-25
電話／06-6136-7771
營業時間／11:00～19:00
定休日／週二、週三
https://www.seiichiro-nishizono.com/

Pâtisserie HINNA
ヒンナ

P074

地址／神奈川県小田原市南町2-1-60 Hakoneguchi-Garage報徳広場
電話／0465-23-2881
營業時間／10:00～17:00
定休日／不定休
https://www.hotoku.co.jp/hakone-guchi-garage/

W.Boléro
ドゥブルベ・ボレロ 守谷本店

P124

地址／滋賀県守山市播磨田町48-4
電話／077-581-3966
營業時間／10:00～19:00
定休日／週二(第1・第3月週一、二連休、週假日則翌日休)
http://www.wbolero.com

POIRE
ポアール 本店 帝塚山

P102

地址／大阪府大阪市阿倍野区帝塚山1-6-16
電話／06-6623-1101
營業時間／9:00～21:00(喫茶～20:00)
定休日／元旦
https://poire.co.jp/

pâtisserie de bon cœur
ドゥ・ボン・クーフゥ 武蔵小山本店

P134

地址／東京都品川区小山3-11-2 1F
電話／03-3785-0052
營業時間／11:00～20:00
定休日／無
http://deboncoeur.com/

Pâtisserie Les Années Folles
レザネフォール 恵比寿店

P030

地址／東京都渋谷区恵比寿西1-21-3
電話／03-6455-0141
營業時間／10:00～21:00
定休日／不定休
http://lesanneesfolles.jp/

ma biche
マビッシュ

P048

地址／兵庫県芦屋市大原町20-24 テラ芦屋1階
電話／0797-61-5670
營業時間／10:00～19:00
定休日／週二、週三
https://www.facebook.com/mabiche.ashiya/

Pâtisserie Les Temps Plus
レタンプリュス 本店

P016

地址／千葉県流山市市野谷543-1
電話／04-7168-0960
營業時間／10:00～19:00
定休日／週二(遇假日營業)
http://lestempsplus.com/

Pâtisserie Yu Sasage
ユウササゲ

P150

地址／東京都世田谷区南烏山6-28-13
電話／03-5315-9090
營業時間／10:00～18:00
定休日／週二、週三
https://shop.cake-cake.net/yu_sasage

L'AUTOMNE
ロートンヌ 中野店

P112

地址／東京都中野区江原町2-30-1
電話／03-6914-4466
營業時間／11:00～19:00
定休日／週三
http://www.lautomne.jp

Pâtisserie LA VIE DOUCE
ラ・ヴィ・ドゥース 本店

P060

地址／東京都新宿区愛住町23-14 ベルックス新宿ビル1F
電話／03-5368-1160
營業時間／平日10:00～18:30
土日祝10:00～18:00
定休日／週一　※不定休
http://www.laviedouce.jp

系列名稱 / Easy Cook
書名 / Shortcake名店完美比例夾層蛋糕
17間日本人氣糕點店創意發想、獨家配方和特殊技巧
作者 / 旭屋出版書籍編集部
出版者 / 大境文化事業有限公司
發行人 / 趙天德
總編輯 / 車東蔚
文 編・校 對 / 編輯部
美編 / R.C. Work Shop
地址 / 台北市雨聲街77號1樓
TEL / (02)2838-7996
FAX / (02)2836-0028
初版日期 / 2023年10月
定價 / 新台幣590元
ISBN / 97-6269650859
書號 / E133
讀者專線 / (02)2836-0069
www.ecook.com.tw
E-mail / service@ecook.com.tw
劃撥帳號 / 19260956大境文化事業有限公司

國家圖書館出版品預行編目資料
Shortcake 名店完美比例夾層蛋糕
17 間日本人氣糕點店創意發想、獨家配方和特殊技巧
旭屋出版書籍編集部／編著；初版；臺北市
大境文化，2023[112] 232 面；
19×26 公分 (Easy Cook；E133)
ISBN / 9786269650859
1.CST：點心食譜
427.16　　112015732

請連結至以下表單填寫讀者回函，將不定期的收到優惠通知。

• 編輯、採訪　森 正吾　齋藤明子
• 採訪　シキタリエ　笹木理恵
大畑加代子　野上知子
駒井麻子　虻川実花
• 攝影　後藤弘行（旭屋出版）
東谷幸一　川井裕一郎
松井ヒロシ　合田慎二
• 設計　冨川幸雄
(studio Freeway)